システム制御工学シリーズ　16

むだ時間・分布定数系の制御

工学博士　阿部　直人　共著
工学博士　児島　晃

コロナ社

システム制御工学シリーズ編集委員会

編集委員長　池田　雅夫（大阪大学・工学博士）
編 集 委 員　足立　修一（慶應義塾大学・工学博士）
　（五十音順）　梶原　宏之（九州大学・工学博士）
　　　　　　　　杉江　俊治（京都大学・工学博士）
　　　　　　　　藤田　政之（東京工業大学・工学博士）

（2007年1月現在）

刊行のことば

　わが国において，制御工学が学問として形を現してから，50年近くが経過した。その間，産業界でその有用性が証明されるとともに，学界においてはつねに新たな理論の開発がなされてきた。その意味で，すでに成熟期に入っているとともに，まだ発展期でもある。

　これまで，制御工学は，すべての製造業において，製品の精度の改善や高性能化，製造プロセスにおける生産性の向上などのために大きな貢献をしてきた。また，航空機，自動車，列車，船舶などの高速化と安全性の向上および省エネルギーのためにも不可欠であった。最近は，高層ビルや巨大橋梁(きょうりょう)の建設にも大きな役割を果たしている。将来は，地球温暖化の防止や有害物質の排出規制などの環境問題の解決にも，制御工学はなくてはならないものになるであろう。今後，制御工学は工学のより多くの分野に，いっそう浸透していくと予想される。

　このような時代背景から，制御工学はその専門の技術者だけでなく，専門を問わず多くの技術者が習得すべき学問・技術へと広がりつつある。制御工学，特にその中心をなすシステム制御理論は難解であるという声をよく耳にするが，制御工学が広まるためには，非専門のひとにとっても理解しやすく書かれた教科書が必要である。この考えに基づき企画されたのが，本「システム制御工学シリーズ」である。

　本シリーズは，レベル0（第1巻），レベル1（第2〜7巻），レベル2（第8巻以降）の三つのレベルで構成されている。読者対象としては，大学の場合，レベル0は1，2年生程度，レベル1は2，3年生程度，レベル2は制御工学を専門の一つとする学科では3年生から大学院生，制御工学を主要な専門としない学科では4年生から大学院生を想定している。レベル0は，特別な予備知識なしに，制御工学とはなにかが理解できることを意図している。レベル1は，少

し数学的予備知識を必要とし,システム制御理論の基礎の習熟を意図している。レベル2は少し高度な制御理論や各種の制御対象に応じた制御法を述べるもので,専門書的色彩も含んでいるが,平易な説明に努めている。

1990年代におけるコンピュータ環境の大きな変化,すなわちハードウェアの高速化とソフトウェアの使いやすさは,制御工学の世界にも大きな影響を与えた。だれもが容易に高度な理論を実際に用いることができるようになった。そして,数学の解析的な側面が強かったシステム制御理論が,最近は数値計算を強く意識するようになり,性格を変えつつある。本シリーズは,そのような傾向も反映するように,現在,第一線で活躍されており,今後も発展が期待される方々に執筆を依頼した。その方々の新しい感性で書かれた教科書が制御工学へのニーズに応え,制御工学のよりいっそうの社会的貢献に寄与できれば,幸いである。

1998年12月

編集委員長　池　田　雅　夫

まえがき

　制御工学は1970年代から著しい発展を遂げ，古典制御論，現代制御論と呼ばれる理論体系を基礎に新しい展開を見せはじめている．中でも，集中定数系の理論はきわめて高度な発展を遂げ，制御対象の不確かさと性能の関係を解明するなどシステム理論の核心に迫る重要な成果が明らかにされつつある．しかしながら一方では，信号・情報の遅延を考慮しなければならないシステム (むだ時間系)，ダイナミクスを支配するパラメータが空間的に分布したシステム (熱系，振動系などの分布定数系) の制御問題に直面したとき，指針は必ずしも明らかでなく，古典制御の教科書にさかのぼりながら実践的な解決法を探る事例が多く見受けられる．

　本書は，「システム制御工学シリーズ」の一連の教科書の中で，特にむだ時間系，分布定数系のシステム理論と制御における基本的な結果を，工学部3，4年生の知識を前提に解説したものである．そして，1) これらの分野の常識と有用な成果を無理なく学べること，2) 近年発展を遂げた強力な設計法の中で，現代制御までの知識で学べるものをわかりやすく解説すること，に留意して執筆した．これらの試みが，制御工学の学修を続ける学生の一助となり，また産業界で活躍される技術者の参考となり，新しい制御法が定着するきっかけとなれば望外の喜びである．

各章の内容紹介

　本書は，むだ時間系 (1, 2, 3章)，分布定数系 (4, 5, 6章) の部分からなり，これらは独立に読み進めることも可能である．

むだ時間系 (1, 2, 3章)

1章　一般的なむだ時間系について押さえておきたい基本的な性質がまとめら

れている。むだ時間要素の性質と近似法，フィードバック制御に与える影響，安定性の解析法が述べられている。

2章 入力むだ時間系に対する制御法のうち，古典制御に基礎を置く代表的な制御法 (PID 制御，スミス法，IMC 制御，ほか) がまとめられている。これらの手法は，制御現場で広く用いられているものが含まれている。

3章 状態予測制御の考え方に基づき，最適レギュレータ，オブザーバの構成，サーボ問題など，現代制御の重要な成果を入力むだ時間系に適用する方法が述べられている。また後半では，むだ時間系の H^∞ 制御，ロバスト制御法が，状態予測制御の考え方に沿って述べられている。

分布定数系 (4，5，6章)

4章 一般の分布定数系の分類と基本的な性質が，制御を考える側面からまとめられている。輸送型分布系 (熱拡散系)，振動系から選ばれた例題を用いながら，基本的な性質が紹介されている。4.3 節には，分布系に共通する近似法が述べられている。

5章 輸送型分布系の中から，特に熱交換器 (単管，向流型) を採り上げ，制御系の性質，システムの近似法，制御則の設計法が述べられている。これらは，4章の一般論の具体的な応用例 (事例) として位置づけられる。

6章 振動系の中から，柔軟ビーム (オイラー・ベルヌーイ梁) の制御問題を採り上げ，制御対象のモデル化，システムのモード解析と近似，制御系設計で留意すべき点 (スピルオーバ現象) が述べられている。

最後に，著者をむだ時間系・分布定数系の制御研究に導いて下さった示村悦二郎先生 (早稲田大学名誉教授)，内田健康先生 (早稲田大学)，ならびに本稿の執筆に有益な助言を下さった藤田政之先生 (東京工業大学)，コロナ社諸氏に深く謝意を表する。

2007 年 1 月

阿 部 直 人
児 島 　 晃

目　次

1. むだ時間系とは

1.1　むだ時間とは ……………………………………………………… 1
1.2　むだ時間要素の近似 ……………………………………………… 3
1.3　むだ時間系 ………………………………………………………… 6
　1.3.1　入力むだ時間系 ……………………………………………… 6
　1.3.2　遅れ型むだ時間系 …………………………………………… 8
　1.3.3　中立型むだ時間系 …………………………………………… 10
1.4　むだ時間系の安定性 ……………………………………………… 11
　1.4.1　ポントリヤーギンの判別法 ………………………………… 12
　1.4.2　むだ時間に依存しない安定判別 …………………………… 13
　1.4.3　リアプノフの安定論 ………………………………………… 14
　1.4.4　ナイキスト安定判別法 ……………………………………… 16
　1.4.5　安定と不安定のスイッチング ……………………………… 18
1.5　むだ時間系の同定 ………………………………………………… 21
演　習　問　題 …………………………………………………………… 22

2. むだ時間系の制御
― 伝達関数によるアプローチ ―

2.1　PID 制　御 ………………………………………………………… 23
　2.1.1　フィードバック制御系 ……………………………………… 23
　2.1.2　PID 制御 ……………………………………………………… 24
2.2　スミス法と IMC 制御 ……………………………………………… 33
　2.2.1　スミス法 ……………………………………………………… 34
　2.2.2　IMC 制御 ……………………………………………………… 36

	2.2.3	スミス法と IMC 制御の共通点 ………………………………	*42*
演 習 問 題 ……………………………………………………………………			*44*

3. むだ時間系の制御
— 状態予測制御によるアプローチ —

3.1	状 態 予 測 制 御 ……………………………………………………	*45*
	3.1.1 状態予測制御：状態フィードバックの場合 ……………………	*46*
	3.1.2 状態予測制御：オブザーバを用いる場合 ……………………	*50*
3.2	極 配 置 ……………………………………………………………	*53*
	3.2.1 状態予測制御と極配置：状態フィードバックの場合 ………	*53*
	3.2.2 状態予測制御と極配置：オブザーバを用いる場合 …………	*55*
	3.2.3 安定度指定法 ……………………………………………………	*56*
3.3	最適レギュレータ …………………………………………………	*59*
3.4	サーボ系の構成 ……………………………………………………	*62*
	3.4.1 サーボ系の基本的な考え方 ……………………………………	*63*
	3.4.2 サーボ系の構成：状態フィードバックの場合 ………………	*64*
	3.4.3 サーボ系の構成：オブザーバを用いる場合 …………………	*66*
3.5	H^∞ 制 御 ……………………………………………………………	*68*
	3.5.1 H^∞ ノルム ………………………………………………………	*68*
	3.5.2 H^∞ 制御問題 ……………………………………………………	*70*
	3.5.3 状態予測を用いた H^∞ 制御 ………………………………	*72*
3.6	ロバスト安定：加法的摂動と乗法的摂動 ………………………	*75*
	3.6.1 スモールゲイン定理 ……………………………………………	*75*
	3.6.2 加法的摂動 …………………………………………………………	*77*
	3.6.3 加法的摂動に対するロバスト安定化 …………………………	*79*
	3.6.4 乗法的摂動 …………………………………………………………	*82*
	3.6.5 乗法的摂動に対するロバスト安定化 …………………………	*85*
	3.6.6 補助的な調整法 ……………………………………………………	*89*
演 習 問 題 ……………………………………………………………………		*93*

4. 分布定数系

- 4.1 分布定数系の制御の概念 ………………………………… *95*
- 4.2 工学的分類 …………………………………………………… *98*
  - 4.2.1 熱拡散系 ………………………………………………… *100*
  - 4.2.2 波動系 …………………………………………………… *103*
  - 4.2.3 輸送型分布系 (単管・並流熱交換器)………………… *105*
  - 4.2.4 向流熱交換器 …………………………………………… *108*
  - 4.2.5 フレキシブルアーム (オイラー–ベルヌーイ梁) …… *111*
  - 4.2.6 工学的分類の特徴 ……………………………………… *113*
- 4.3 分布定数系の近似 …………………………………………… *115*
  - 4.3.1 差分法 …………………………………………………… *116*
  - 4.3.2 重み付き残差法 ………………………………………… *118*
- 演習問題 …………………………………………………………… *120*

5. 輸送型分布定数系

- 5.1 単管熱交換器 ………………………………………………… *121*
  - 5.1.1 単管熱交換器のダイナミクス ………………………… *122*
  - 5.1.2 輸送型分布定数系とむだ時間系 ……………………… *123*
  - 5.1.3 制御実験結果 …………………………………………… *125*
- 5.2 向流熱交換器 ………………………………………………… *127*
  - 5.2.1 熱交換器のダイナミクス ……………………………… *127*
  - 5.2.2 重み付き残差法による状態推定 ……………………… *129*
  - 5.2.3 固有関数展開によるフィードバック則 ……………… *133*
- 演習問題 …………………………………………………………… *139*

6. 振　動　系

- 6.1　柔軟ビーム ……………………………………………………… *140*
- 6.2　厳密な数式モデルの導出 ……………………………………… *141*
- 6.3　モード解析 ……………………………………………………… *149*
  - 6.3.1　拘束モード法による解析 ………………………………… *150*
  - 6.3.2　非拘束モード法による解析 ……………………………… *153*
  - 6.3.3　拘束モード法と非拘束モード法 ………………………… *156*
- 6.4　近似モデルの構成 ……………………………………………… *157*
  - 6.4.1　基本的な考え方 …………………………………………… *158*
  - 6.4.2　拘束モードによるモード展開 …………………………… *159*
  - 6.4.3　非拘束モードによるモード展開 ………………………… *163*
  - 6.4.4　近似モデルの導出 ………………………………………… *165*
- 6.5　制御系設計とスピルオーバ …………………………………… *167*
  - 6.5.1　制御モードと剰余モード ………………………………… *169*
  - 6.5.2　制御スピルオーバ ………………………………………… *171*
  - 6.5.3　観測スピルオーバ ………………………………………… *172*
  - 6.5.4　スピルオーバ不安定 ……………………………………… *173*
  - 6.5.5　センサ・アクチュエータコロケーション ……………… *174*
- 演習問題 ……………………………………………………………… *176*

引用・参考文献 ……………………………………………………… *178*

演習問題の解答 ……………………………………………………… *181*

索　引 ………………………………………………………………… *192*

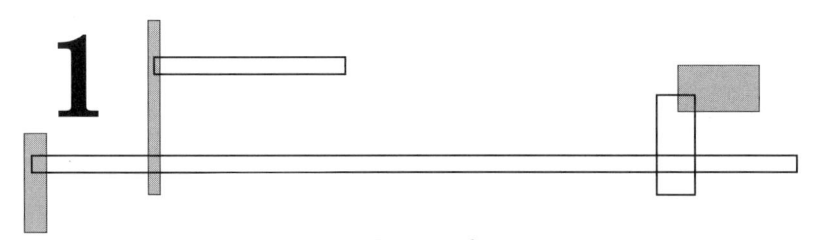

1 むだ時間系とは

本章では,フィードバック制御系において,むだ時間要素の紹介とむだ時間系と呼ばれるシステムにはどのようなシステムがあるのかを示し,その特徴を無限個存在する極の配置から述べる。また,むだ時間系に対する安定性の定理を紹介する。

1.1 むだ時間とは

「むだ時間系」と一言で表しているが,「むだ時間」とはいったい何なのであろうか。まずは簡単なむだ時間要素としてベルトコンベアモデル**図 1.1** を考えてみる。

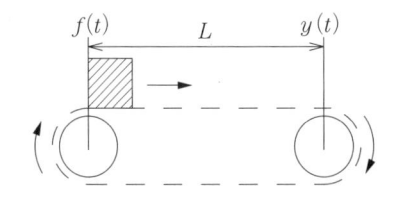

図 1.1 ベルトコンベアモデル

ベルトコンベアの端に乗せられた物質 (信号も含む) はなにも変化せず反対側にある時間かかって到達する。このような状態を**むだ時間**という[†]。

入力を f,出力を y,時刻を t,ベルトの到達時間を $L(>0)$ として,この入

[†] 英語では time delay, time lag, dead time などと呼ばれる。

出力関係を式で表すと，入力された f が時刻 L だけ遅れて出力されるので

$$y(t) = f(t-L) \tag{1.1}$$

という関係式で表される。このときの L を**むだ時間**と呼ぶ。むだ時間 L は一般には時変の場合が考えられるが，本書では定数の場合を扱う。

むだ時間要素を伝達関数で表現すると

$$\frac{Y(s)}{F(s)} = e^{-Ls} \tag{1.2}$$

となる†。これをブロック線図で書き表すと**図 1.2** となり，むだ時間要素を書き表す記法として広く使われている。

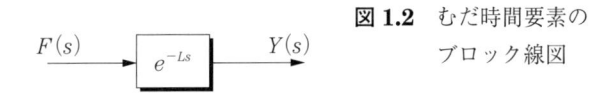

図 1.2 むだ時間要素の
ブロック線図

入出力関係式の式 (1.1)，伝達関数の式 (1.2) は，ともに入力と出力の関係にのみ着目した外部記述モデルであるが，内部記述モデルはどのようになるのだろうか。**図 1.1** のベルトコンベアモデルでは移動中の動作はなにも考慮していなかった。そこでもう少し詳しく**図 1.3** のように単純に固体が移動しているだけでなく，液体のような媒体を通して情報が伝達する分布定数モデルを考えてみる。

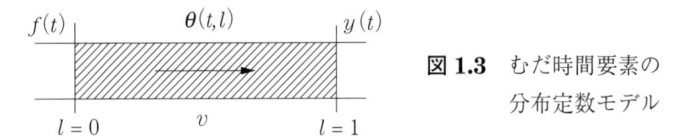

図 1.3 むだ時間要素の
分布定数モデル

ここで移動距離を正規化して 1 として，距離の変数 $l(0 \leq l \leq 1)$ を導入する。また移動中の物質の各時刻 t において l という位置にある物質が $\theta(t,l)$ という状態であるとする。また移動速度を $v > 0$ (一定値) とする。

移動物質は $l = 0$ において入力 $f(t)$ を信号として受け取り，$l = 1$ においてその位置と時間の信号を出力 $y(t)$ として出す。この関係を式で表すと

$$\theta(t,0) = f(t) \tag{1.3}$$

---

† 1 章の演習問題【1】参照。

$$y(t) = \theta(t, 1) \tag{1.4}$$

が成立する。むだ時間系では移動物質とともに移動する信号の時間的変化率はゼロであるから、θ はつぎの式を満足しなければならない。

$$\frac{\partial \theta(t,l)}{\partial t} + v \frac{\partial \theta(t,l)}{\partial l} = 0, \qquad 0 < l < 1 \tag{1.5}$$

内部の状態に注目してむだ時間要素を表すと、式 (1.5) のような偏微分方程式と、境界条件の式 (1.3)、(1.4) で表される。よって、むだ時間要素は式 (1.5) から分布定数を持つ系の一つであることがわかる。

1.2　むだ時間要素の近似

　むだ時間要素は近似を用いなければ常微分方程式や有理伝達関数で表せない。しかし、簡便な方法で精度よく近似ができれば、簡単な解析に有用なことが多い。むだ時間要素 e^{-Ls} の近似には**パディ(Padé)近似**と呼ばれる方法がよく用いられる[†]。例えば1次のパディ近似を用いると、むだ時間要素 e^{-Ls} はつぎのように表される。

$$e^{-Ls} \fallingdotseq \frac{1 - \dfrac{Ls}{2}}{1 + \dfrac{Ls}{2}} \tag{1.6}$$

むだ時間のパディ近似というと1次の近似式 (1.6) が代表的であるが、周波数特性を見ると必ずしも十分な近似とはいえない (**図 1.4** (a) 参照)。

　パディ近似の考え方は、むだ時間要素 $G(s) = e^{-Ls}$ を高次の有理伝達関数である $G_a(s)$、式 (1.7) に近似しようというものである。

$$G_a(s) = \frac{b_m s^m + b_{m-1} s^{m-1} + \cdots + b_1 s + b_0}{a_n s^n + a_{n-1} s^{n-1} + \cdots + a_1 s + a_0} \tag{1.7}$$

いま、むだ時間要素 e^{-Ls} をテイラー (Taylor) 展開すると

[†] 一般にパディ近似はむだ時間要素に限らず、テイラー展開に基づいて有理式に近似する方法である。

$$G(s) = e^{-Ls}$$
$$= 1 - Ls + \frac{1}{2}s^2L^2 - \frac{1}{6}s^3L^3 + \cdots + \frac{1}{n!}(-Ls)^n + \cdots \quad (1.8)$$

となる。$G_a(s) = G(s)$ となるように，$a_i, i = 0, 1, \cdots n$ と $b_j, j = 0, 1, \cdots m$ の係数を定めよう。

$$b_m s^m + b_{m-1} s^{m-1} + \cdots + b_1 s + b_0$$
$$= (a_n s^n + a_{n-1} s^{n-1} + \cdots + a_1 s + a_0) \cdot \left(1 - Ls + \frac{1}{2}s^2L^2 - \cdots \right) \quad (1.9)$$

式 (1.9) を計算し，両辺の s の次数の等しい係数ごとに $n+m$ 本の連立方程式を立て，$a_i, i = 0, 1, \cdots n, b_j, j = 0, 1, \cdots m$ を求めると (m, n) 次のパディ近似が求められる。

実際，(2,2) 次の場合を求めてみよう。s に関して定数項から s^4 までの係数を比較すると，式 (1.9) から方程式 (1.10) が導かれる。

$$\begin{aligned} b_0 &= a_0 \\ b_1 &= -a_0 L + a_1 \\ b_2 &= \frac{1}{2}a_0 L^2 - a_1 L + a_2 \\ 0 &= -\frac{1}{6}a_0 L^3 + \frac{1}{2}a_1 L^2 - a_2 L \\ 0 &= \frac{1}{24}a_0 L^4 - \frac{1}{6}a_1 L^3 + \frac{1}{2}a_2 L^2 \end{aligned} \quad (1.10)$$

いま，$a_0 = 1$ とすると†，(2,2) 次の近似が式 (1.11) のように求められる。

$$e^{-Ls} \fallingdotseq \frac{1 - \frac{1}{2}Ls + \frac{1}{12}L^2 s^2}{1 + \frac{1}{2}Ls + \frac{1}{12}L^2 s^2} \quad (1.11)$$

この考え方を高次にまで進めると，パディ近似の一般形が得られる。

---

† 分母をモニックな多項式で考えるならば，$a_n = 1$ としてもよい。

$$e^{-Ls} \fallingdotseq \frac{1 + \dfrac{m(-Ls)}{(n+m)} + \cdots + \dfrac{(n+m-j)!m!(-L)^j}{(n+m)!(m-j)!j!} + \cdots}{1 + \dfrac{(-1)n(-Ls)}{(n+m)} + \cdots + \dfrac{(-1)^i(n+m-i)!n!(-L)^i}{(n+m)!(n-i)!i!} + \cdots} \quad (1.12)$$

ただし，$i = 0, \cdots, n \quad j = 0, \cdots, m$

通常，むだ時間要素のみの近似には同次形 ($n = m$) を用いることが多い。もちろん次数が高いほど近似精度は上がる。

図 1.4 (a) は e^{-2s} の位相の変化を近似次数 1，2，3，4 次と真値を表した位相特性のグラフである。**図 1.4** (b) はゲイン特性のグラフで，近似次数にかかわらずつねに 0 dB となり，完全にむだ時間要素と一致する。

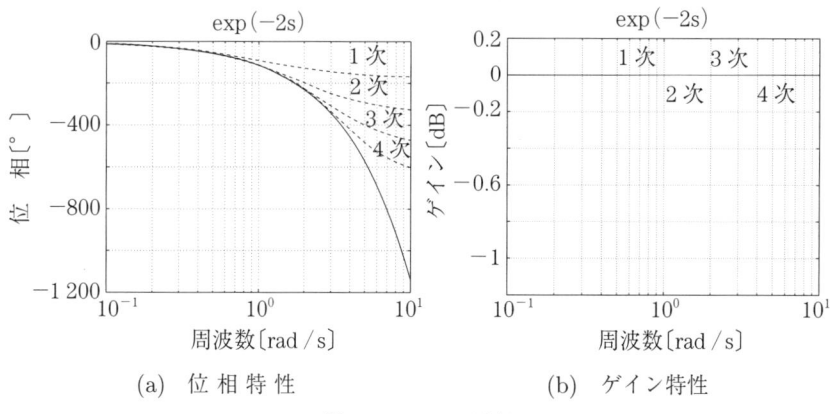

(a) 位相特性　　(b) ゲイン特性

図 1.4 パディ近似

むだ時間要素の近似は，一般には高次の近似を用いれば精度は上がるが，近似する目的に合わせて次数を選ぶことが重要になる。次数を何次にするかは，考えている制御対象と構成したい制御系の周波数帯が十分に近似されるように決める必要がある。また，パディ近似には不安定零点が含まれるので閉ループ系の設計モデルに用いるには特に注意が必要である。

他の近似方法としては

ラゲール (Laguerre) 近似

$$e^{-Ls} \fallingdotseq \left(\frac{1 - \dfrac{Ls}{2n}}{1 + \dfrac{Ls}{2n}} \right)^n \quad (1.13)$$

カウツ (Kautz) 近似

$$e^{-Ls} \fallingdotseq \left(\frac{1 - \dfrac{Ls}{2n} + \dfrac{L^2 s^2}{8n^2}}{1 + \dfrac{Ls}{2n} + \dfrac{L^2 s^2}{8n^2}} \right)^n \quad (1.14)$$

などが比較的簡単な近似法として知られている[10]。

1.3 むだ時間系

むだ時間系とは前節で説明したむだ時間要素をシステムの中に含むものをいう。システムの中に含むといってもいろいろな場合が考えられ，代表的なものには**入力むだ時間系**，**遅れ型むだ時間系**，**中立型むだ時間系**と呼ばれるものがある。それらの数学的記述と系の基本的な性質を紹介しよう。

1.3.1 入力むだ時間系

入力むだ時間系とは，入力にむだ時間が含まれる場合で一番簡単なむだ時間系である。プロセス制御系ではこの形でモデル化されることが多く，集中定数系部分の次数によって，1次遅れ＋むだ時間，2次遅れ＋むだ時間，などと呼ばれる†。

微分方程式で記述すると

$$\begin{aligned} \dot{x}(t) &= Ax(t) + Bu(t-L) \\ y(t) &= Cx(t) \end{aligned} \quad (1.15)$$

と表される。

---

† 1次遅れなどの"遅れ"はむだ時間の遅れではなく，$K/(Ts+1)$ などの動特性を意味している。

入力むだ時間系を伝達関数で表すと

$$\frac{Y(s)}{U(s)} = G(s)e^{-Ls} \tag{1.16}$$

と表される。ここで，$G(s)$ はむだ時間要素を除いた集中定数系部分で

$$G(s) := C(sI - A)^{-1}B \tag{1.17}$$

である[†]。

入力むだ時間系の開ループ系の極の配置を調べる。式 (1.15) の特性方程式は

$$\det[sI - A]e^{Ls} = 0 \tag{1.18}$$

となり，有限な複素平面には集中定数系部分の極のみ現れる。しかし，この極だけでは式 (1.15) のシステム全体の特徴は正確に把握されていない。実際，式 (1.16) を図 **1.5** のような単一フィードバックによる閉ループ系の伝達関数を求めると

$$\frac{G(s)e^{-Ls}}{1 + G(s)e^{-Ls}} \tag{1.19}$$

となり，$1 + G(s)e^{-Ls} = 0$ となる閉ループ極は無限個現れる。これが極から見た集中定数系との大きな違いである[††]。

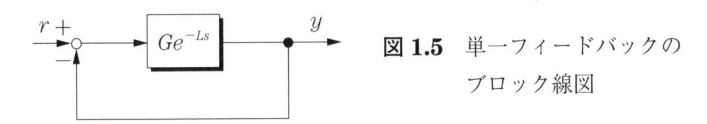

図 1.5 単一フィードバックのブロック線図

例題 1.1 入力むだ時間系として，2次遅れ＋むだ時間系の極配置を考える。

$$G(s) = \frac{1}{(1+s)(1+0.2s)}e^{-5s} \tag{1.20}$$

この開ループ極は有限の範囲で

$$s = -1, \quad s = -5$$

[†] むだ時間が出力側にある場合も，$e^{-Ls}G(s) = G(s)e^{-Ls}$ となるから，式 (1.16) の表現が用いられる。複数のむだ時間が存在する場合など，一般の場合にはこの変形は成り立たないので，出力側のむだ時間を区別して扱う必要がある。

[††] 集中定数系の無限遠点が正則なのに対して，むだ時間系の無限遠点は**真性特異点**になっている。

であるが，単一フィードバックをかけた場合は閉ループ特性方程式は

$$0.2s^2 + 1.2s + 1 + e^{-5s} = 0$$

のように指数関数を含むため，極は無限個出てくる。この無限個の極は無秩序に配置されるわけではなく，**図 1.6** のように $|s|$ が十分原点から遠いところでは曲線上 (chain) に極が並ぶ[†]。これを **retarded (遅れ型) chain** と呼ぶ。

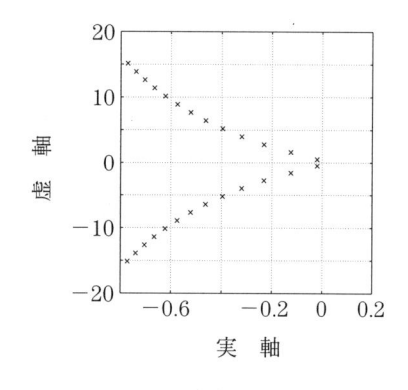

図 1.6 2 次遅れ＋むだ時間系の閉ループ極配置

このように入力むだ時間系の閉ループ系は，次項で述べる遅れ型むだ時間系と密接な関係がある。

1.3.2 遅れ型むだ時間系

遅れ型むだ時間系とは，状態にむだ時間が含まれる場合のむだ時間系である。通常，つぎのような微分差分方程式で記述され

$$\dot{x}(t) = A_0 x(t) + A_1 x(t-L) + Bu(t) \tag{1.21}$$

方程式 (1.21) に対して，時刻 $t=0$ 以降の解を確定させるためには，ベクトル $x(0)$ の値だけでは不十分であり，$x(\beta)$ $(-L \leq \beta \leq 0)$ の初期関数が必要である。遅れ型むだ時間系は，現時刻の振舞いが現時刻とむだ時間分だけ過去の状態によって定まる特徴を持っている。そして系の式 (1.21) の特性方程式は

[†] s と e^{-Ls} からなる指数多項式の近似解は，$s - \omega e^{-Ls} = 0$ という形の方程式の解で表される[3]。

$$\det[sI - A_0 - A_1 e^{-Ls}] = 0 \tag{1.22}$$

となるから，一般に極は無限個存在する．

例題 1.2 式 (1.23) のような遅れ型むだ時間系の開ループ極配置を求める．

$$\dot{x}(t) = \begin{bmatrix} 0 & 1 \\ 0 & 0 \end{bmatrix} x(t) + \frac{1}{10} \begin{bmatrix} -3 & -1 \\ -2 & -4 \end{bmatrix} x(t-5) \tag{1.23}$$

式 (1.23) の開ループ特性方程式 (1.24) を求め，複素平面に表す（**図 1.7**）．

$$s^2 + \frac{7}{10} e^{-5s} s + \frac{1}{5} e^{-5s} + \frac{7}{50} e^{-10s} = 0 \tag{1.24}$$

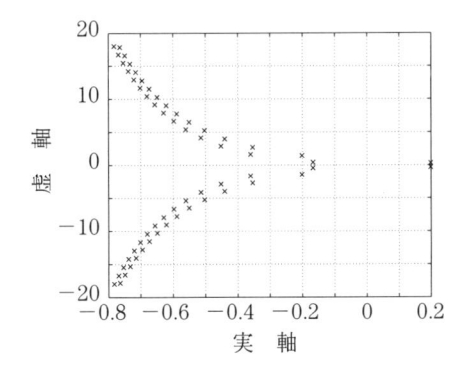

図 1.7 遅れ型むだ時間系の開ループ極配置

遅れ型むだ時間系の開ループ極配置は，入出力むだ時間系の単一フィードバックを施した閉ループ系の極配置と同じように，曲線上に無限個の極が並ぶ．指数多項式の根は無限個存在するが，その配列は retarded chain となり，任意の虚軸に平行な直線より右側には有限個の極しか存在しないことが示されているので不安定な極があったとしても，それは，たかだか有限個である．

コーヒーブレイク

図 1.6 も**図 1.7** も変数 s の次数は 2 次なのに，曲線の対の数が違う．対の数は $s^i (e^{-Ls})^j$ という形の項の関係で決まってくるためである．しかし，s が 2 次ならば 2 対より多くなることはない．

1.3.3 中立型むだ時間系

中立型むだ時間系とは，遅れ型むだ時間系にむだ時間だけ過去の状態の微分値が含まれる系をいう．微分差分方程式で書き表すと式 (1.25) のようになる．

$$\dot{x}(t) = A_0 x(t) + A_1 x(t-L) + A_{-1} \dot{x}(t-L) + Bu(t) \qquad (1.25)$$

初期値は，遅れ型むだ時間系の $x(0)$, $x(\beta)$ $(-L \leq \beta \leq 0)$ に加えて $\dot{x}(\beta)$ $(-L \leq \beta \leq 0)$ が必要になる．

例題 1.3 例題 1.2 に式 (1.26) のような項を加えた中立型むだ時間系の開ループ系極配置を求める．

$$\frac{1}{10} \begin{bmatrix} 2 & 0 \\ 0 & 0 \end{bmatrix} \dot{x}(t-5) \qquad (1.26)$$

式 (1.26) の開ループ特性方程式 (1.27) を求め，複素平面に表す (**図 1.8**)．

$$s^2 - \frac{1}{5}e^{-5s}s^2 + \frac{7}{10}e^{-5s}s - \frac{2}{25}e^{-10s}s + \frac{1}{5}e^{-5s} + \frac{1}{10}e^{-10s} = 0 \qquad (1.27)$$

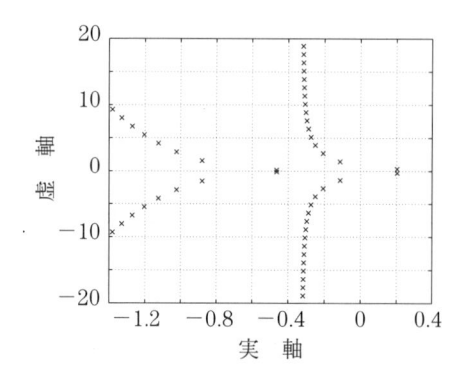

図 1.8 中立型むだ時間系の開ループ極配置

中立型むだ時間系の極配置の特徴は，**図 1.8** にあるように，chain が虚軸に平行な直線に漸近して並ぶことである．この chain を **neutral (中立型) chain** と呼び，その位置は A_{-1} の固有値に依存し，安定性などに影響する．

図 1.8 の極配置を見ると，一対の neutral chain と一対の retarded chain が

ある。chain の最大数は s の次数で決まり，neutral chain の数は A_{-1} の rank に等しくなる。この例題では A_{-1} の rank は 1 であるから neutral chain は一対現れる[3]。

繰返し制御などが中立型むだ時間系になる[5),6)]。

1.4 むだ時間系の安定性

入力むだ時間系の開ループの安定性は集中系部分だけで定まる。しかしながら，集中定数系と同様のフィードバック制御をほどこすと閉ループ系は遅れ型むだ時間系になることから，入力むだ時間系と遅れ型むだ時間系には密接な関係がある。

ここでは遅れ型むだ時間系の開ループ系の安定性についての結果と，入力むだ時間系のナイキストの安定判別法を紹介する。なお，各定理の証明については個別に参考文献を紹介した[4]。

【定義】

遅れ型むだ時間系

$$\dot{x}(t) = A_0 x(t) + A_1 x(t-L)$$

$$(x(0), x(\beta)) = (\phi(0), \phi), \quad -L \leq \beta \leq 0 \tag{1.28}$$

の唯一解が，任意の連続な初期関数 ϕ に対して

コーヒーブレイク

むだ時間系の極の計算の仕方

集中系の極は行列の固有値から計算できるが，むだ時間系の極の算出は大変である。特性方程式を算出してから，適当な初期値を与えて，ニュートン (Newton) 法などの収束計算が必要になる。

ニュートン法では初期値を根の近くに選ばないとうまく収束しないことがあるので，原点近傍では取りこぼしのないように初期値を多く選ぶ必要がある。原点から遠いところでは近似解から初期値を定めることができる[3]。

$$\lim_{t\to\infty} |x(t)| = 0 \tag{1.29}$$

であるならば，漸近安定であるという．ここで，$|x(t)|$ はベクトルのノルムを表す．

【定理 1.1】 遅れ型むだ時間系の安定性 (必要十分条件)

式 (1.28) の特性関数

$$\det\left[sI - A_0 - e^{-Ls}A_1\right] = 0 \tag{1.30}$$

の解が領域 $\{s|\mathrm{Re}(s) \geq 0\}$ に存在しなければ，またそのときに限り式 (1.28) は漸近安定である．

遅れ型むだ時間系の場合，漸近安定，指数安定，L^2 安定が等価であることが知られている．

遅れ型むだ時間系の安定性に対する議論 (定義・定理) は線形集中定数系に親しんだ人には一見複雑に見えるが，不安定極はたかだか有限個しかなく，基本的には線形集中定数系と同じと思ってよい．

1.4.1 ポントリヤーギンの判別法

集中定数系の特性方程式の安定判別ではラウス–フルビッツ (Routh–Hurwitz) の方法が有名である．これは特性方程式の係数で安定性を判別する非常に便利な方法である．むだ時間系の場合も**ポントリヤーギン (Pontryagin)** の**判別法**と呼ばれるラウス–フルビッツのような安定判別の定理が求められている．

【定理 1.2】 ポントリヤーギンの判別法 (必要十分条件)

遅れ型むだ時間系の指数多項式を $F(s)$ とし，$s = j\omega$ としたときの実部と虚部をそれぞれ $F_{\mathrm{re}}(\omega)$, $F_{\mathrm{im}}(\omega)$ とする．

$$F(j\omega) = F_{\mathrm{re}}(\omega) + jF_{\mathrm{im}}(\omega) \tag{1.31}$$

1. もし $F(s)$ の零点 (ゼロ点と読む) がすべて左半平面 ($\mathrm{Re}(s) < 0$) に

あるならば，$F_{\mathrm{re}}(\omega)$ と $F_{\mathrm{im}}(\omega)$ の零点はすべて実数で，交互に配置されており，すべての ω に対して式 (1.32) が成立する．
$$F'_{\mathrm{im}}(\omega)F_{\mathrm{re}}(\omega) - F_{\mathrm{im}}(\omega)F'_{\mathrm{re}}(\omega) > 0 \qquad (1.32)$$
ここで $F'(\omega)$ は ω に関する微分を表す．

2. 逆につぎの条件の中でどれか一つが満足すれば，$F(s)$ の零点はすべて左半平面 $(\mathrm{Re}(s) < 0)$ にある．

    (1) $F_{\mathrm{re}}(\omega)$ と $F_{\mathrm{im}}(\omega)$ の零点はすべて実数で，交互に配置されており，少なくとも一つの ω に対して式 (1.32) が成立する．

    (2) $F_{\mathrm{re}}(\omega)$ の零点 ω_i がすべて実数であり，各 ω_i において式 (1.32) が成立する．ω_i は零点だから，式 (1.32) は $F'_{\mathrm{im}}(\omega)F_{\mathrm{re}}(\omega) < 0$ となる．

    (3) $F_{\mathrm{im}}(\omega)$ の零点 ω_i がすべて実数であり，各 ω_i において式 (1.32) が成立する．この場合は $F_{\mathrm{im}}(\omega)F'_{\mathrm{re}}(\omega) > 0$ となる．

ポントリヤーギンの判別法は指数多項式の安定判別のための必要十分条件であるが，むだ時間系の解析に使うのはかなり難しい．これは，複素指数関数 (三角関数) を含む $F_{\mathrm{re}}(\omega)$，$F_{\mathrm{im}}(\omega)$ に対して，根を求める過程が含まれるためである．

むだ時間系の安定解析には，計算が容易ないくつかの十分条件が求められており，それらはシステムパラメータの行列演算から判定できる．

1.4.2 むだ時間に依存しない安定判別

式 (1.28) のシステムパラメータは A_0，A_1，L であるが，むだ時間の正確な値がわからない場合などには，むだ時間 L に依存せずに A_0 と A_1 からむだ時間系の安定性が判定できれば便利である．このような安定解析法は**むだ時間に依存しない安定性** (delay independent stability) と呼ばれる．

基本的な考え方は，むだ時間項 (A_1) を除いたシステムが十分に安定ならば，

むだ時間項を変動と考えても安定性が保たれることに基づいている。

システム行列 A_0 と A_1 の構造に条件をつけるとむだ時間に依存しない安定性に対する必要十分条件が得られている[8]。

【定理 1.3】 むだ時間に依存しない安定性 (必要十分条件)

式 (1.28) において，A_1 は非負定行列，A_0 の非対角要素は非負とする。このとき式 (1.28) がむだ時間に依存せずに安定であるための必要十分条件は，行列 $-(A_0 + A_1)$ が M 行列[†]となることである。

この定理ではシステム行列に対する条件が厳しく，必要十分条件であっても使いにくい。むだ時間項の大きさに着目するということはノルムで評価できる。そこでつぎの定理のような簡単なスカラー不等式による十分条件などが提案されている。

【定理 1.4】 むだ時間に依存しない安定性 (十分条件)

$$\mu(A_0) > \|A_1\| \tag{1.33}$$

ここで $\|\cdot\|$ は適当な行列ノルム，$\mu(\cdot)$ はこの行列ノルムに対応して導かれた行列のメジャーである[††]。

ほかにもさまざまなむだ時間に依存しない安定性の定理が報告されているが，いずれにせよ十分条件であることと，むだ時間に依存しない分簡便ながらどうしても保守的な条件となることが避けられない[8]。

1.4.3　リアプノフの安定論

つぎにリアプノフ (**Lyapunov**) の安定論の結果を紹介しておく。

[†]　非対角要素が非正で，左上隅主座小行列式がすべて正である実正方行列。
[††]　$\mu(A) := \lim_{h \to 0_+} \frac{\|I+hA\|-1}{h}$ ノルムの点 I における A 方向への方向微分。

1.4 むだ時間系の安定性 15

【定理 1.5】 遅れ型むだ時間系のリアプノフの安定論 (十分条件)

$\omega_i(r)$, $r > 0$ をつぎの性質を持つ，ある連続な非減少スカラー関数とする。

$$\omega_i(0) = 0, \quad \omega_i(r) > 0, \quad \omega_i(r) \to \infty, \quad r \to \infty \tag{1.34}$$

このときつぎの関係を満足する連続汎関数 $V(t, \phi)$ が存在するならば，式 (1.28) の原点は漸近安定である。

$$\omega_1(|\phi(0)|) \leq V(t, \phi) \leq \omega_2(\|\phi\|) \tag{1.35}$$

$$\dot{V}(t, \phi) \leq -\omega_3(|\phi(0)|) \tag{1.36}$$

ここで汎関数 $V(t, \phi)$ はいわゆるリアプノフ関数である。むだ時間系の代表的なリアプノフ関数は**クラソフスキー (Krasovskii) 型**と呼ばれる式 (1.37) のような汎関数である。

$$V(t, x_t) = x^T(t) P_0 x(t) + \int_{-L}^{0} x^T(t+\beta) P_1 x(t+\beta) d\beta \tag{1.37}$$

$$P_0 > 0, \quad P_1 \geqq 0$$

リアプノフの安定論は線形むだ時間系はもちろん，非線形むだ時間に対しても安定性を調べることができる十分条件である。しかし，むだ時間系が無限次元であることから線形ならともかく，非線形となるとリアプノフ関数となる汎関数の選び方が大変難しくなる。

例題 1.4　リアプノフの安定論

つぎのようなスカラー微分差分方程式を考える。

$$\dot{x}(t) = -ax(t) - bx(t-L), \quad a > 0 \tag{1.38}$$

リアプノフ関数の候補としてつぎの関数を選ぶ。

$$V(t, x) = x^2(t) + a \int_{-L}^{0} x^2(t+\beta) d\beta \tag{1.39}$$

$a > 0$ であるから

$$x^2(t) \leq V(t, x) \leq (1 + aL) \left[\sup_{-L \leqq \beta \leqq 0} x^2(t+\beta) \right] \tag{1.40}$$

が成り立つ。これは式 (1.35) を満足する。さらに
$$\dot{V}(t,x) \leq -(a-|b|)\{x^2(t)+x^2(t+\beta)\} \tag{1.41}$$
したがって，$|b| \leq a$ であるならば原点は安定である[†]。

その他の定理については参考文献[10),11)] に詳しく述べられている。

1.4.4　ナイキスト安定判別法

線形システム論における安定論ではナイキスト (Nyquist) の安定判別が有名である。むだ時間系でもナイキストの安定判別法は原則として成り立つ。遅れ型むだ時間系，状態予測制御系などでも成り立つことが証明されている。ここでは入力むだ時間系の閉ループの安定性を開ループ伝達関数から判定するナイキスト安定判別法について述べる。

【定理 1.6】　ナイキスト安定判別法 (必要十分条件)

図 1.9 のような入力むだ時間系に定数ゲイン K のフィードバックがある閉ループ系を考える。いま $G(s)$ はプロパとして，一巡伝達関数 $KG(s)e^{-Ls}$ の不安定極の数を P^+ とする。一巡伝達関数の $\omega = -\infty \to \infty$ に対するベクトル軌跡 (これをナイキスト線図と呼ぶ) を複素平面に描いたとき，ナイキスト線図が点 $(-1+j0)$ を反時計方向に P^+ 回まわれば閉ループ系は安定である。

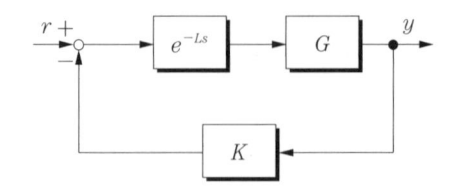

図 1.9　入力むだ時間系の閉ループ系のブロック線図

[†]　しかし，これは十分条件であるから，保守的になる可能性がある。

むだ時間系に対してナイキストの安定判別法を適用する場合はどのようなフィードバックであるかに注意しなければならない。一般にどのようなフィードバック制御でも問題はないが，一巡伝達関数の不安定極の数が有限個でなければ，安定判別は行うことができない。

例題 1.5 ナイキストの安定判別法

図 1.9 において $G(s)$ は**例題 1.1** と同じで，$K=1$ とする。開ループ系の不安定極は 0 個だから，ナイキスト線図が $(-1+j0)$ を囲まなければ安定である。$\omega = 0 \to \infty$ の図を示す。これに上下対称の曲線を書き込めば，$\omega = -\infty \to \infty$ の曲線が得られる。

図 1.10 (a) にむだ時間がない場合 $(L=0)$ のナイキスト線図を参考に示す。典型的な 2 次遅れ系のナイキスト線図である。**図 1.10** (b) は，むだ時間項を含む $(L=5)$ ためにナイキスト線図はら旋を描くが，$(-1+j0)$ を囲んでいないので閉ループ系は安定である。しかしながら $(-1+j0)$ に近いところをナイキスト線図が通り，ゲイン余裕は 10% ほどである。フィードバックゲインを少し上げるとすぐに不安定になってしまう。

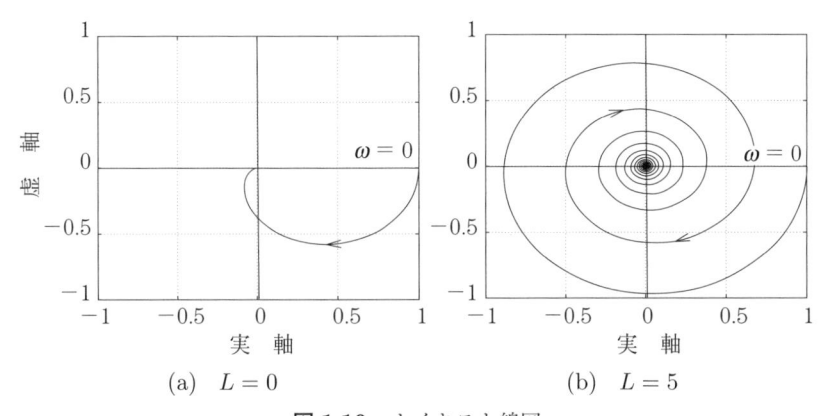

図 1.10 ナイキスト線図

1.4.5 安定と不安定のスイッチング

ある種のむだ時間系には，むだ時間の長さにより安定と不安定が切り替わる現象（スイッチング）が生じることがある[12]。ここでは一質点の振動系に対する入力むだ時間系を用いて説明する。

例題 1.6　むだ時間の変動と安定性

式 (1.42) の運動方程式で表される一質点の振動系を考える。
$$\frac{d^2x}{dt^2} + a\frac{dx}{dt} + bx + u = 0 \tag{1.42}$$
フィードバックとして加速度フィードバックを考え，その入力にむだ時間 L が含まれるとする。
$$u = f\frac{d^2}{dt^2}x(t-L) \tag{1.43}$$
式 (1.42), (1.43) において，各パラメータは $a = 3$, $b = 18$, $f = -0.7$ とする。開ループ極とむだ時間がないときの閉ループ極は
$$s_{\text{open}} = -1.5 \pm j\,3.969$$
$$s_{L=0} = -5 \pm j\,5.916$$
となり，収束が速くなると期待できる。

むだ時間 L を変化させたときの極配置を数値計算することにより，安定，不安定が**表 1.1** のように求められた。

表 1.1 むだ時間の長さによる安定性

L(安定)	0	0.1	0.5	1.0	2.0	3.3
L(不安定)	0.3	1.5	2.5	3.5	5.0	10.0

つまり，むだ時間を 0 から大きくしていくと，不安定になるだけではなく，安定と不安定を繰り返すことがわかる[†]。

むだ時間の長さによる原点近傍の極配置を調べてみると，むだ時間の増加とともに，右半平面へ出たものが左半平面に戻ってきて，つねに右へ出る点 ($\pm j\omega_+$) と左へ戻る点 ($\pm j\omega_-$) は同じである。そしてつぎに左半平面

[†] ここでのむだ時間の変化は，時変むだ時間ではない。

に戻った極よりも原点から遠い極が右半平面へ出ていく．さらにむだ時間を大きくしていくと，二対が右半平面に出てしまい，不安定になる．

特性関数の零点が，虚軸上に二対存在し，その点でのむだ時間の変化に対する微係数 $ds/dL|_{s=j\omega}$ のうち一対が正 (左から右：不安定)，もう一対が負 (右から左：安定) であるときに，**例題 1.6** のような安定，不安定のスイッチングを起こす[12]．この例題は中立型むだ時間系だが，遅れ型むだ時間系でも同様なスイッチングが起こる．

この現象は解析的に求めることができる．まず，特性関数が虚軸上に二対の零点を持つための条件を導出する．特性関数は

$$\phi(s, L) = s^2 + fs^2 e^{-Ls} + as + b = 0 \tag{1.44}$$

である．$s = j\omega$ を代入して，実数部と虚数部をそれぞれ 2 乗して加える．式を変形してまとめると

$$\omega^4(1 - f^2) + w^2(a^2 - 2b) + c^2 = 0$$

となる．ω^2 について解き，その解を $\omega_\pm^2$ とする．

$$\omega_\pm^2 = \frac{2b - a^2 \pm \sqrt{(2b - a^2)^2 - 4b^2(1 - f^2)}}{2(1 - f^2)}$$

$\omega^2 > 0$ のときに二対の虚根を持つ．したがって，**例題 1.6** では

1. $|f| < 1$
2. $2b - a^2 > 0$
3. $(2b - a^2)^2 > 4b^2(1 - f^2)$

のすべてを満足するときに特性関数の式 (1.44) は二対の虚根を持つ．1. の条件は，中立型むだ時間系であるため，極の漸近線が虚軸から有限の距離だけ左にあるための条件である．

つぎに虚軸上 ω_+^2, ω_-^2 においてのむだ時間の増加に対する変化率 (微係数) を求める．

$$\frac{ds}{dL} = -\frac{\partial \phi(s, L)/\partial L}{\partial \phi(s, L)/\partial s}$$

$$= \frac{fs^3 e^{-Ls}}{2s + e^{Ls}(2fs - fs^2 - fs^2 L) + a}$$

$s = j\omega$ を代入して，実数部だけに着目すると

$$\left.\frac{d}{dL}(\text{Re}(s))\right|_{s=j\omega} = 2\omega^4(1-f^2) - \omega^2(b-a^2) \tag{1.45}$$

が得られる．これに，ω_+^2, ω_-^2 を代入して符号を調べると

$$\omega_+^2 \sqrt{(2b-a^2)^2 - 4b^2(1-f^2)} > 0$$

$$-\omega_-^2 \sqrt{(2b-a^2)^2 - 4b^2(1-f^2)} < 0$$

となり，虚軸上の ω_+^2, ω_-^2 ではそれぞれむだ時間の増加に対して特性関数の零点の実数部は正と負になる．

以上のことから，特性関数の式 (1.44) の零点はむだ時間 L の増加にしたがって，虚軸上の定まった点 $(\pm j\omega_+, \pm j\omega_-)$ を通過して，$\pm j\omega_+$ では右半平面へ，$\pm j\omega_-$ では左半平面へ移動するということがわかる．

最後に零点が虚軸上にのるときのむだ時間の値を求める．特性関数 $\phi(j\omega, L)$ を L について解き，ω_+, ω_- を代入する．

$$L_{+,n} = \frac{1}{\omega_+}\tan^{-1}\left\{\frac{a\omega_+}{\omega_+^2 - b}\right\} + \frac{n\pi}{\omega_+}$$

$$L_{-,n} = \frac{1}{\omega_-}\tan^{-1}\left\{\frac{a\omega_-}{\omega_-^2 - b}\right\} + \frac{n\pi}{\omega_-}$$

$$n = 0, 2, 4, \cdots \text{または} 1, 3, 5, \cdots \tag{1.46}$$

結局，安定不安定のスイッチングを起こす場合は

$$\cdots < L_{+,i} < L_{-,i} < L_{+,i+1} < L_{-,i+1} < \cdots$$

の関係が成り立っているときになる．しかし，$\omega_+ > \omega_- > 0$ の関係があるためにスイッチングは有限回であり，むだ時間が長くなるといずれは不安定になる．したがって，**例題 1.6** における虚軸を横切るときの座標は以下の L_+ と L_- になり，そのときのむだ時間は**表 1.2** のようになる．

$$L_+(左 \to 右) = \pm j\,5.88, \quad L_-(右 \to 左) = \pm j\,4.29$$

表1.2 むだ時間の長さによる安定性のスイッチング

L_+	0.139	1.207	2.276	3.345	4.414	5.483
	↓ ↗	↓ ↗	↓ ↗	-	-	-
L_-	0.359	1.824	3.290	4.755	6.221	7.687

* $L = 3.345$ 以降はスイッチングは起こらずに，不安定になってしまう．

1.5 むだ時間系の同定

むだ時間系を制御するためには，むだ時間系の同定が必要となる．もっとも簡便な方法が，ステップ応答から制御対象を1次遅れ系＋むだ時間系に同定することであろう．

図1.11において，ステップ応答の変曲点における接線を引き，接線が時間軸と交わる時間をむだ時間Lとして，定常状態の線に交わる時間とむだ時間との差を**時定数**Tとして1次遅れ系＋むだ時間とする．定常状態をKとすると

$$G(s) = \frac{K}{Ts+1}e^{-Ls} \tag{1.47}$$

という三つのパラメータを定めることができる．

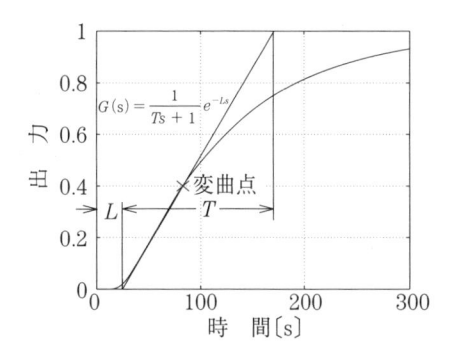

図1.11 ステップ応答による同定

図1.11のステップ応答は，本来むだ時間系ではなく高次遅れ系の応答なのだが，多くのパラメータを同定するよりは1次遅れ＋むだ時間系で同定してしまうほうが便利なことがある．この方法は簡便であるが，ステップ入力による

低周波数域のみの同定なので必ずしも十分なモデルとならない場合もあることに注意が必要である。

2章および3章で述べるむだ時間を考慮した設計法では，より正確な同定が求められる．具体的には，スミス法を用いるならばむだ時間をより正確に求める必要がある．したがって**図 1.11** のような高次系に対しては調整が難しくなる．内部モデル制御の場合はモデルの逆数を用いるので，ゲインを正確に求めないといけない．定数ゲインに誤差が多いと収束性が悪くなる．部分的モデルマッチング法を用いる場合には，むだ時間の長さを長めに定めたほうがよい応答特性が得られやすい．

その他の同定法としては，周波数応答を用いる方法，システム同定を用いる方法などがあるが，後述するようなむだ時間を考慮した制御系のモデルとする場合には，制御目的に合った同定モデルを求めないと，設計が難しくなる．

********** 演 習 問 題 **********

【1】 式 (1.1) をラプラス変換すると
$$\mathcal{L}[f(t-L)] = e^{-Ls}F(s)$$
となることを導け．ただし $\mathcal{L}[f(t)] = F(s)$ ，$f(t-L) = 0, t < L$ とする．

【2】 式 (1.15) から式 (1.16) の形を導き，$G(s)$ を求めよ．

【3】 出力むだ時間系
$$\dot{x}(t) = Ax(t) + Bu(t), \quad y(t-L) = Cx(t)$$
の入力から出力までの伝達関数を求め，式 (1.16) と等しいことを示せ．

【4】 入力むだ時間系の式 (1.15) に $u(t) = Kx(t)$ というフィードバックをほどこしたときの，閉ループ系の特性関数を求めよ．また，求めた特性関数の特徴を述べよ．

【5】 分母が 2 次，分子が 1 次のパディ近似を連立方程式から導け．

2

むだ時間系の制御
― 伝達関数によるアプローチ ―

むだ時間系の制御は難しいといわれる。本章では，フィードバック制御系において，なぜ，むだ時間系の制御が難しいのかという問題からはじめ，伝達関数領域での設計法，PID 制御，スミス法，IMC 制御を説明する。

2.1　PID　制　御

2.1.1　フィードバック制御系

図 2.1 に示されるフィードバック制御系を考える。ここで r は目標入力，y は出力，d は外乱を表している。$G(s)$ は制御対象の伝達関数，$C(s)$ は補償器の伝達関数であり，すべて安定でプロパであるとする。

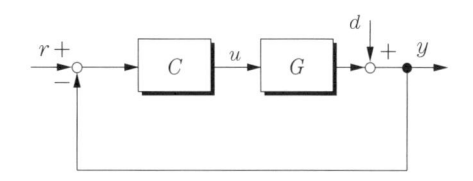

図 2.1　フィードバック制御系

制御目的はそのシステムによってさまざまであるが，閉ループ系が安定で，外乱の影響が少なくなり，基本的には出力と目標入力との定常偏差が 0 になるように要求される。これはむだ時間系であっても違いはない。

補償器のゲインを十分に大きく (ハイゲイン) すると $1/C \to 0$ とみなせるから，目標値応答は

$$\frac{y}{r} = \frac{G}{\frac{1}{C} + G} \fallingdotseq 1 \tag{2.1}$$

となり，制御対象 G が変動してもその影響は出力 y に出てこない．すなわち閉ループ系の**感度**が減少することがわかる．このようにフィードバック制御には目標値追従性をよくし，制御対象の変動の影響を小さくするという働きがある．その簡単な方法はループゲイン $|GC|$ を十分大きくすることである．

つぎに出力外乱応答を見る．外乱から出力までの伝達関数は

$$\frac{y}{d} = \frac{1}{1 + GC} \tag{2.2}$$

であるから，制御対象の変動と同様に $|GC| \gg 1$ とすることで，出力外乱の影響を小さくすることができる．

さて，むだ時間系の場合はどうであろうか．残念ながらむだ時間系の場合，閉ループ系の安定性を保ちながらループゲインを任意に大きく設定することはできない．これは，図 **2.1** においてループゲインを上げていくと，結果的に図 **1.6** のような形に並んだ**極** (retarded chain) が右へ移動し，ついには不安定極が現れるためである．これらの現象は，不安定零点を持つ制御対象 (非最小位相系) の根軌跡と同様であり，むだ時間系の場合には不安定零点が無限に存在し，それらにすべての根が向かっていくように見受けられる．

このような構造的な性質から，むだ時間系の場合，制御性能の改善のためにループゲインを上げることには限界があり，つねに非最小位相系と同様の問題を注意深く扱わなければならない．

2.1.2 PID 制 御

PID 制御はプロセス制御系で広く用いられている制御法である．調整パラメータが少なく，制御対象のモデルを用いなくてもよく，それぞれのパラメータの働きがはっきりとしていて，直感的に理解しやすい，といった利点があげ

られる。反面，その調整法は試行錯誤と経験に頼るところが多く，熟練が必要でもある。PID 制御器は直列補償器で基本的なブロック線図は**図 2.2** で表される。調整パラメータは比例ゲイン K_P，積分ゲイン K_I，微分ゲイン K_D の 3 個である[†]。

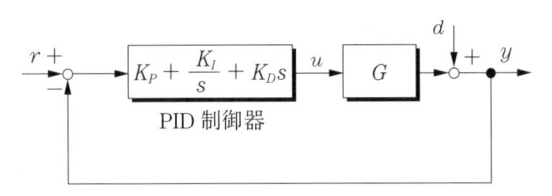

図 2.2 PID 制御のブロック線図

PID 制御器は，いろいろな性質を調べるうえでは

$$C(s) = K_P + \frac{K_I}{s} + K_D s \tag{2.3}$$

と表すよりも

$$C(s) = K_P \left(1 + \frac{1}{T_I s} + T_D s\right) \tag{2.4}$$

としたほうがよい。ここで，T_I, T_D はそれぞれ積分時間，微分時間と呼ばれる。

以下に示す〔1〕～〔3〕では，経験的に求められた PID の調整法である限界感度法，進み遅れ要素について述べたあとに，むだ時間系に対して有効である部分的モデルマッチング法 (北森法)[14)] について述べる。

〔1〕 **限界感度法**

基本的な設計指針は，制御偏差に比例した比例制御 K_P を基本として，微分動作 T_D で速応性を改善したうえで，積分動作 T_I によって定常偏差をゼロにする。このパラメータの調整法として，ジーグラ (Ziegler) とニコルス (Nichols) によって経験則から提案された**限界感度法**が有名である。

まず，比例制御のみで比例ゲインを徐々に大きくしていく。目標値に対する制御量の応答はしだいに振動的になり，ついには発振状態 (限界感度) になる。そのときの比例ゲインを K_c，持続振動の周期を T_c とする。その値から**表 2.1**

---
† 微分器は実際には $\frac{Ts}{1+Ts}$, $T \ll 1$ などの擬似微分器で実現する。

表 2.1　限界感度法

制御形態	比例ゲイン (K_P)	積分時間 (T_I)	微分時間 (T_D)
P	$0.5K_c$	-	-
PI	$0.45K_c$	$0.833T_c$	-
PID	$0.6K_c$	$0.5T_c$	$0.125T_c$

の値に合わせて各パラメータを決定する方法である。

限界感度法は 1 次遅れ+むだ時間系に対して，むだ時間に比べて時定数が比較的長い制御対象に対する経験的なパラメータ調整法である。

この後，〔2〕，〔3〕に述べる調整法との比較のために，数値例を確認しておこう。

例題 2.1　制御対象としては，式 (2.5) のような集中定数系の時定数に比べて，かなりむだ時間が長い場合を考える。**例題 1.1** よりもむだ時間が長い。

$$G(s) = \frac{2}{(1+s)(1+0.2s)}e^{-10s} \tag{2.5}$$

比例制御だけで比例ゲインを大きくしていくと，$K_P = 0.51$ で図 **2.3** の安定限界が得られた。このときの持続振動の周期は $T_c = 22.26$ となった。これより**表 2.2** にしたがい，比例ゲイン，積分時間，微分時間を求める。

PI と PID 制御について時間応答をシミュレーションすると図 **2.4** のようになった。

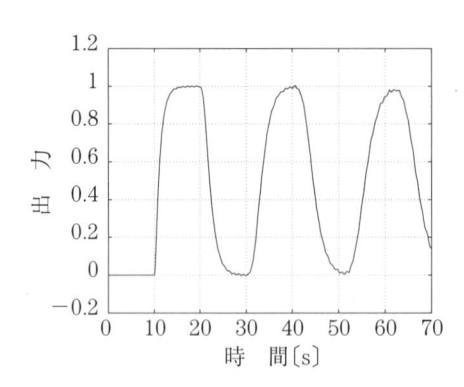

図 **2.3**　安定限界

表 **2.2**　限界感度法による各調整パラメータ

制御形態	比例ゲイン (K_P)	積分時間 (T_I)	微分時間 (T_D)
P	0.255	-	-
PI	0.230	18.541	-
PID	0.306	11.129	2.782

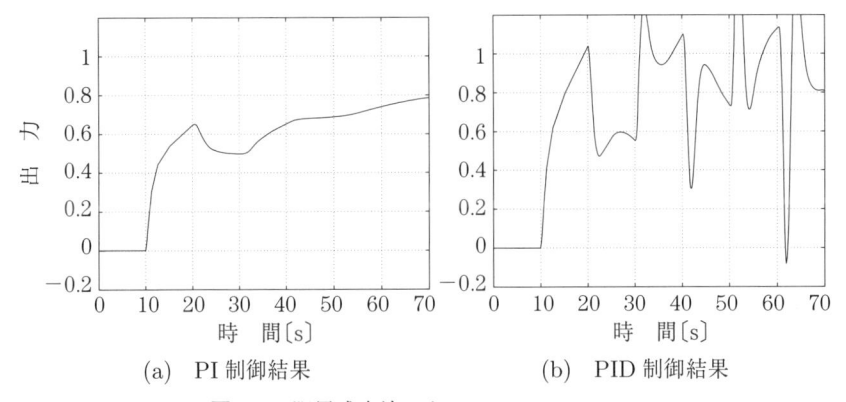

(a) PI 制御結果　　(b) PID 制御結果

図 **2.4**　限界感度法によるシミュレーション

図 2.4 から明らかなように，この例題のようなむだ時間が長い制御対象には限界感度法は不向きである．

〔2〕　**位相進み遅れ補償器併用 PID 制御**

むだ時間要素の特徴は**図 1.4** に見られるように位相のみが遅れていくことにある．そこで式 (2.6) のような位相進み補償器を PID 制御器と併用することが考えられる (**図 2.5**)．

$$\frac{1+T_2 s}{1+T_1 s}, \quad T_1 < T_2 \tag{2.6}$$

むだ時間が短いならば位相進み要素だけで補償が可能になるが，ゲイン特性も同時に上げてしまうので補償に有効な周波数区間は限られてしまう．

そこで式 (2.7) の位相進み遅れ補償器を考える．

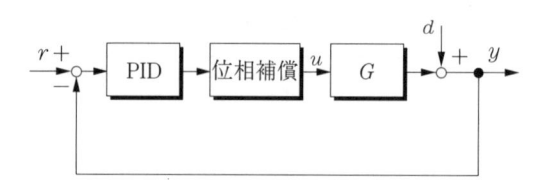

図 2.5 位相補償器併用 PID 制御

$$\frac{(1+T_1 s)(1+T_2 s)}{T_1 T_2 s^2 + (T_1 + T_2 + T_{12})s + 1} \tag{2.7}$$

式 (2.7) に示すように，位相進み遅れ補償器は，パラメータが多いので，$T_2 = 0.25 T_1$，$T_{12} = 9.0 T_1$ などと選んで設計されることがある。位相進み遅れ補償器のボード線図 (**図 2.6**) から，低周波領域において位相が遅れ，高周波領域において位相が進む補償器であることがわかる。限界感度法で求められた PI, PID 制御の各ゲインと進み遅れ補償器を併用したステップ応答を求めてみると，PI 制御はまだ十分に調整されていないが，位相進み遅れ補償器併用 PID 制御はかなり応答が改善された (**図 2.7**)。

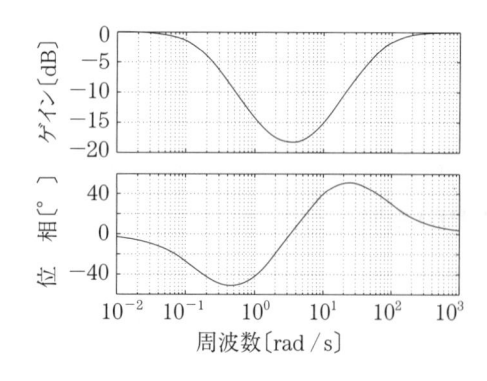

図 2.6 位相進み遅れ補償器のボード線図 ($T_1 = 0.6$)

このように PID 制御を基礎に位相補償を加えて前置補償器を設計すれば，むだ時間が時定数に比べて長い制御対象でも調整は可能になる。しかし調整パラメータの数が多くなるだけ調整は難しい。

〔3〕 **部分的モデルマッチング法**

PID 制御における各ゲインの調整則は限界感度法以外にも，さまざま提案さ

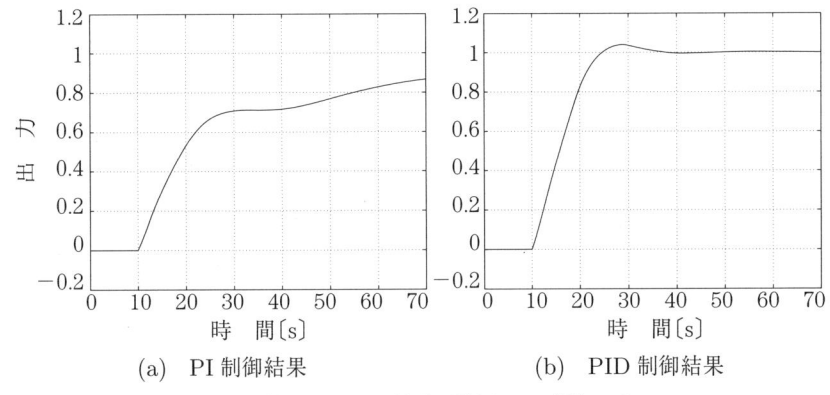

(a) PI 制御結果　　　　　　(b) PID 制御結果

図 2.7 位相進み遅れ補償器併用 PID 制御による
シミュレーション

れている。その中でも比較的むだ時間系に対して有効な方法として**部分的モデルマッチング法**が知られている。

この設計法は，一般に制御対象の低周波特性ほど正確にわかることと，下記に示す伝達関数が望ましい参照モデルになるという経験則に基づいた方法であり，北森法とも呼ばれている[14]。

望ましい参照モデル伝達関数としてつぎのモデルを導入する。

$$W(s) = \frac{1}{\alpha(s)} = \frac{1}{\alpha_0 + \alpha_1 \sigma s + \alpha_2 \sigma^2 s^2 + \alpha_3 \sigma^3 s^3 + \cdots} \tag{2.8}$$

ここで，σ は閉ループ系の時定数に相当するものであり，α_i はつぎの数列が推奨されている。

$$\{\alpha_0, \alpha_1, \alpha_2, \alpha_3, \cdots\} = \left\{1, 1, \frac{1}{2}, \frac{3}{20}, \frac{3}{100}, \frac{3}{1\,000}, \cdots\right\} \tag{2.9}$$

いま，制御対象は以下の伝達関数で記述されているとする†。

$$G(s) = \frac{1}{a_0 + a_1 s + a_2 s^2 + \cdots} \tag{2.10}$$

また，制御則は PID 制御とする。

---

† 伝達関数に分子多項式を含む場合には，(分子)/(分母) を計算して，分母系列表現にする。

$$C(s) = K_P \left(1 + \frac{1}{T_I s} + T_D s\right) \tag{2.11}$$

式 (2.12) の右辺を通分し，高次の微分も含めてつぎのように表す．

$$\frac{c(s)}{s} = \frac{c_0 + c_1 s + c_2 s^2 + \cdots}{s} \tag{2.12}$$

制御対象の式 (2.10) と制御則の式 (2.12) からなる閉ループ系伝達関数が参照モデルの式 (2.8) と等しいとすると

$$1 + s\frac{a(s)}{c(s)} = \alpha(s) \tag{2.13}$$

が成り立つ．PID 制御則を求めるためには，式 (2.13) が成り立つように，低次の項から必要となる次数まで成り立つように決めればよい．

$$\begin{aligned}
c_0 &= \frac{a_0}{\sigma} \\
c_1 &= \frac{a_1}{\sigma} - \alpha_2 a_0 \\
c_2 &= \frac{a_2}{\sigma} - \alpha_2 a_2 + (\alpha_2^2 - \alpha_3)a_1\sigma - (\alpha_2^3 - 2\alpha_2\alpha_3 + \alpha_4)a_0\sigma^2
\end{aligned} \tag{2.14}$$

PI 制御では c_0, c_1 を，PID 制御では c_0, c_1, c_2 を使うことにより，σ はつぎの代数方程式の解の中で最小の正の実根とする．

PI 制御：

$$(\alpha_2^2 - \alpha_3)a_0\sigma^2 - \alpha_2 a_1 \sigma + a_2 = 0 \tag{2.15}$$

PID 制御：

$$(\alpha_2^3 - 2\alpha_2\alpha_3 + \alpha_4)a_0\sigma^3 - (\alpha_2^2 - \alpha_3)a_1\sigma^2 + \alpha_2 a_2 \sigma - a_3 = 0 \tag{2.16}$$

この正の最小実根 σ を用いて，K_P, T_I, T_D は以下のように求められる．

$$\begin{aligned}
K_P &= \frac{a_1}{\sigma} - \alpha_2 a_0 \\
T_I &= \frac{a_1}{a_0} - \alpha_2 \sigma \\
T_D &= \frac{(a_2/\sigma) - \alpha_2 a_1 + (\alpha_2^2 - \alpha_3)a_0\sigma}{(a_1/\sigma) - \alpha_2 a_0}
\end{aligned} \tag{2.17}$$

例題 2.2 制御対象として，**例題 2.1** と同じ

$$G(s) = \frac{K}{(1+s)(1+0.2s)}e^{-10s} \tag{2.18}$$

を考える。ただし，以下の計算では式 (2.18) のように分子を K と表す。むだ時間系の分母系列表現を求めるには指数関数の級数展開を用いる。

$$e^{Ls} = 1 + Ls + \frac{1}{2!}L^2 s^2 + \frac{1}{3!}L^3 s^3 + \cdots \tag{2.19}$$

式 (2.19) と式 (2.18) の分母多項式をかけ合わせることによって

$$\begin{aligned}
a_0 &= \frac{1}{K} \\
a_1 &= \frac{1.2 + L}{K} \\
a_2 &= \frac{0.2 + 1.2L + 0.5L^2}{K} \\
a_3 &= \frac{0.2L + 0.6L^2 + 1/3!L^3}{K}
\end{aligned} \tag{2.20}$$

が求められる。$K = 2$ の場合について PI と PID 制御の各調整パラメータを算出すると，**表 2.3** のようになる。

表 2.3　部分的モデルマッチング法による各調整パラメータ

制御形態	比例ゲイン (K_P)	積分時間 (T_I)	微分時間 (T_D)
PI	0.109	3.405	-
PID	0.134	3.914	0.023

PI と PID 制御について時間応答をシミュレーションすると**図 2.8** のようになった。

部分的モデルマッチング法は限界感度法と異なり，むだ時間を含めて制御対象の各パラメータがわかっているとして設計している。

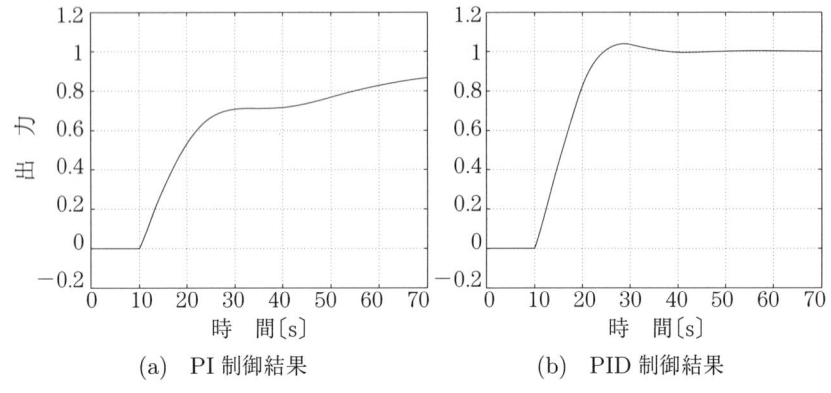

(a) PI 制御結果 (b) PID 制御結果

図 2.8 部分的モデルマッチング法によるシミュレーション

参照モデル伝達関数として式 (2.8) は 10% ほどのオーバーシュートを有するモデルである.オーバーシュートを起こさないモデルとしては式 (2.21),式 (2.22) のような参照モデルが提案されている.

$$\left\{1, 1, \frac{3}{8}, \frac{1}{16}, \frac{1}{256}, \cdots\right\} \tag{2.21}$$

$$\left\{1, 1, \frac{17}{40}, \frac{39}{400}, \frac{109}{7599}, \cdots\right\} \tag{2.22}$$

むだ時間が正確ではない場合や変動する場合は,経験的にむだ時間の値を大きくとっておくと,安定性が損なわれない場合が多いと経験的にいわれている[†].これらの例題では,むだ時間後の立上りの応答は必ずしも速くなっていない.これはむだ時間があるためにループゲインを十分に上げることができないことによる.

PID 制御はさらにいろいろな改良が加えられてきている.制御系の形を**図 2.2** ではなく,**I-PD 制御**(**図 2.9**),2 自由度 PID 制御などの方法も提案されている.実際的には I-PD 制御がよいといわれている[2), 13)].

---

† 文献[2)] などの数値例が参考になる.

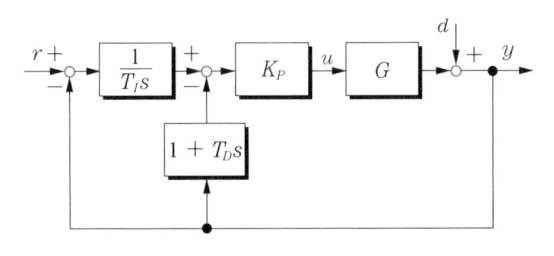

図 2.9 I-PD 制御のブロック線図

2.2　スミス法と IMC 制御

　PID 制御に限らず，フィードバック制御系は目標値と出力との差だけに着目する制御系である。高次系やむだ時間を含む場合などは，どうしても信号伝達が遅れて，有効な制御が難しくなってしまう。最小位相系の高次系に対しては基本的にループゲインを上げることで対処ができるが，むだ時間系ではそれができない。したがって，むだ時間系を有効に制御するためには，むだ時間を考慮する必要がでてくる。

　むだ時間を考慮する，とはどういうことだろうか。むだ時間だけ遅れて出てくる出力が予測できれば，それを使って有効な制御が可能になると考えられる。それを実現したものが**スミス法 (Smith predictor)** と呼ばれるむだ時間系に対する制御方法である[15]。スミス法では制御ループ内部に制御対象のモデルとむだ時間のモデルを持ち，むだ時間後の出力を予測して，それに基づいて制御する方法である。

　むだ時間系だけに限らず，内部モデルの出力を積極的に利用しようという制御方法が**内部モデル制御**(internal model control, **IMC**) である[19]。内部モデルと制御対象が一致すれば，両者の出力を相殺させて所望の伝達特性を持たせてしまおう，というのが基本的な発想である。制御対象にむだ時間を含む場合にも，同じ考え方で制御系を構成できる。

　本節では，スミス法とむだ時間系に対する IMC 制御を紹介し，設計手順や

その制御系の持つ性質などを示していく。

2.2.1 スミス法

スミス法はスミス補償器などとも呼ばれ，むだ時間系の設計法としてよく知られている (図 2.10)。発想自体は単純であるが，むだ時間系の制御に関して基本的かつ重要な性質を持っている。ここで，$G(s)e^{-Ls}$ は安定なむだ時間系であり，$G(s)$ は安定な有理伝達関数である。$C_s(s)$ はスミス法のコントローラで有理伝達関数で表される。このコントローラには古典的な前置補償器，一般的には PID 制御器が多く用いられている。コントローラに局所フィードバックとしてむだ時間を含んだ補償要素が加えられている。したがって外側のフィードバックループからのむだ時間後の出力は局所フィードバックの予測器の出力で相殺される。結果として閉ループ系は，あたかも集中系部分のみから構成された閉ループ系にむだ時間が加わった形になっているため，コントローラ $C_s(s)$ はむだ時間を意識しないで設計できる。

実際に制御系を構成するときは図 2.11 とすると，図 2.10 のシミュレータ部

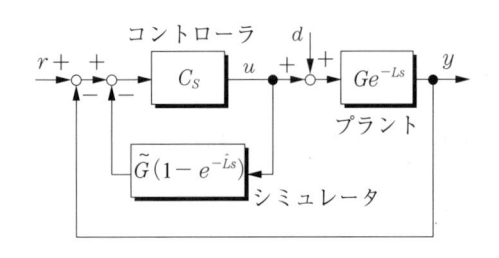

図 2.10 スミス法のブロック線図

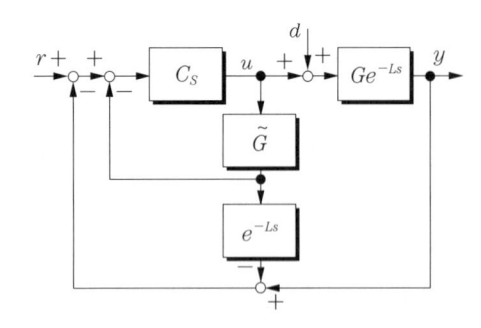

図 2.11 実際のスミス法のブロック線図

分の構成が容易になる。

このときの目標値と入力外乱応答特性は

$$y = \frac{C_s G e^{-Ls}}{1 + C_s(G - \widetilde{G})e^{-Ls} + C_s \widetilde{G}} r$$

$$+ \frac{G e^{-Ls}}{1 + C_s(G - \widetilde{G})e^{-Ls} + C_s \widetilde{G}} d$$

$$+ \frac{C_s \widetilde{G}(1 - e^{-Ls}) G e^{-Ls}}{1 + C_s(G - \widetilde{G})e^{-Ls} + C_s \widetilde{G}} d \tag{2.23}$$

となる。ここでモデル誤差がない場合，すなわち $G = \widetilde{G}$ が成立していると仮定しよう (むだ時間も誤差がないとすでに仮定している)。これがスミス法の基本的な考え方である。応答特性†は

$$y = \frac{C_s G e^{-Ls}}{1 + C_s \widetilde{G}} r$$

$$+ \frac{G e^{-Ls}}{1 + C_s \widetilde{G}} d + \frac{C_s \widetilde{G}(1 - e^{-Ls}) G e^{-Ls}}{1 + C_s \widetilde{G}} d \tag{2.24}$$

となり，目標値応答の分母にむだ時間がなく，あたかも集中系として閉ループ系の設計ができる。入力外乱特性 $d \to y$ には開ループ伝達関数 G の極があり，C_s だけで調整することができない。

〔1〕 **実用安定性**

制御系においてモデルの不確かさなどで系の安定性が損なわれてしまうというロバスト安定性の問題は重要である。一般の制御系の閉ループ系では，制御対象とモデルのごくわずかな誤差に対して閉ループ系の安定性まで損なわれることは少ない。しかしスミス法のような予測動作を含む場合には，ごくわずかでもパラメータがずれていると，不安定になってしまうことがある。これは実用不安定と呼ばれる。

スミス法ではわずかなむだ時間ミスマッチに対して，閉ループ系が実用安定

---

† 式 (2.24) はモデルとプラントがわかりやすいように $\widetilde{G}$ の形を残した。

になるための必要十分条件が導かれている[16), 17)]。

【定理 2.1】 スミス法で構成された閉ループ系が実用安定であるための必要十分条件は式 (2.25) が成り立つことである[16), 17)]。
$$\lim_{\omega \to \infty} \left| \frac{C_s(j\omega)G(j\omega)}{1 + C_s(j\omega)G(j\omega)} \right| < \frac{1}{2} \qquad (2.25)$$

スミス法におけるコントローラ C_s を真にプロパになるように選べば実用安定になる。

〔2〕 入力外乱補償

スミス法では目標値応答はスミス法の補償器で調整できるが，入力外乱特性 $d \to y$ には開ループ伝達関数 G の極があり，制御対象の極が虚軸に近いと入力外乱の影響が残る。目標値応答を変えずに入力外乱を補償するためには，新たにフィードバックループに補償器を導入し，2 自由度系にすればよいことが導かれている[9)]。

2.2.2 IMC 制 御

IMC 制御とはモラリ (Morari) によって提唱された制御法である。通常，モデル予測制御法の一つといわれている。また，モラリの著書により，ユーラ (Youla) のパラメトリゼーションをベースとした H_2 制御，H_∞ 制御などと関連しているロバスト制御系の設計手法ともいわれ，具体的なプロセス制御系の設計法としてまとめられている[19)]。

基本的な考え方は，実モデルと設計モデルの一致しない部分を，フィードバック制御により補おうとする部分にある。

〔1〕 **IMC 構造**

IMC 制御の構造は非常に単純で，**図 2.12** のようなブロック線図で表される。ここで，$G(s)$ は制御対象であるプラント，$\widetilde{G}(s)$ はプラントのモデルである。

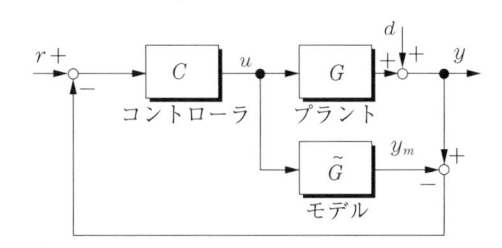

図 2.12 IMC 制御のブロック線図

フィードバック制御の中にモデルを持っているのが IMC 構造の特徴である。プラントの出力 y とモデルの出力 y_m との差を取ってそれをフィードバックする構造になっている。モデル予測制御といわれる由縁は，モデルの出力を用いているからである。

図 2.12 から明らかなように，制御対象とモデルが完全に一致していて，外乱がないとするとこの制御構造は開ループ制御になっている。外乱が加わった場合には，フィードバックによって外乱の影響を軽減させる構造になっている。したがって，外乱抑制をおもな目的としたプロセス制御系に適しているといえる。

IMC 構造を通常の単一フィードバックの形に等価変換することやその逆については演習問題を参照のこと。

〔2〕 **感度関数と相補感度関数**

IMC 構造の目標値応答と外乱応答特性は

$$y = \frac{GC}{1+C(G-\widetilde{G})}r + \frac{1-\widetilde{G}C}{1+C(G-\widetilde{G})}d \tag{2.26}$$

と書き表される。

ここで**感度関数**$\varepsilon(s)$ と**相補感度関数**$\eta(s)$ を考えてみよう。感度関数は外部入力 r と外乱 d から偏差 $e = y - r$ への関係である。

$$\frac{e}{d-r} = \frac{y}{d} = \frac{1-\widetilde{G}C}{1+C(G-\widetilde{G})} := \varepsilon(s) \tag{2.27}$$

相補感度関数はつぎのようになる。

$$\frac{y}{r} = \frac{GC}{1+C(G-\widetilde{G})} := \eta(s) \tag{2.28}$$

ここでモデル誤差がなければ $(G = \widetilde{G})$,感度関数,相補感度関数はそれぞれ

$$\varepsilon(s) = 1 - \widetilde{G}C, \quad \eta(s) = GC \tag{2.29}$$

と書き表される。このことからつぎの定理を得る。

【定理 2.2】 IMC 構造においてモデル誤差がなければ $(G = \widetilde{G})$,目標値応答特性 $(r \to y)$ や外乱応答特性 $(d \to y)$ が自由パラメータ C の線形関数となっている。

この構造は安定なプラントに対するユーラのパラメトリゼーションと同じであり,この特徴がロバスト制御に利用されている。単一フィードバック系の前置補償器では $\varepsilon(s)$ と $\eta(s)$ の関係はもっと複雑になる。

〔3〕 **IMC 制御の設計法**

IMC 制御の設計法について簡単に述べておこう。
1. $\widetilde{G}$ を最小位相部分 $\widetilde{G}_-$ と非最小位相部分 $\widetilde{G}_+$ に分割する[†]。$\widetilde{G} = \widetilde{G}_- \widetilde{G}_+$
2. $C(s) = \widetilde{G}_-^{-1}(s) F(s)$ とおく。

ここで,$F(s)$ は IMC フィルタと呼ばれ,$C(s)$ がプロパになり,規範入力がステップ状の制御系ならば,$F(0) = 1$ となるように選べば,定常偏差が生じない。もっとも単純なフィルタの形式は

$$F(s) = \frac{1}{(bs+1)^n} \tag{2.30}$$

である。b はフィルタの時定数で,外乱の影響を調整するパラメータである。そして b の値を大きく与えると,外乱に対処できる制御系が導かれ,この値を小さく選ぶと外乱の影響をあまり考慮しない制御系が得られる。n は $C(s) = \widetilde{G}_-^{-1}(s) F(s)$ がプロパになるように選ばなければならない。この設計法では,モデルができていれば,あとはフィルタの時定数だけが設計パラメータである。

規範入力がランプの場合は

[†] 非最小位相部分がむだ時間だけでなく不安定零点を持つ場合は,オールパスの形にして,むだ時間のように扱う。

$$F(s) = \frac{nbs + 1}{(bs + 1)^n} \tag{2.31}$$

と選べば定常偏差が生じない．この場合も調整パラメータは b のみである．

ロバスト安定条件から，IMC フィルタの時定数の決め方を考える．いま，制御対象のクラスが

$$\left\{ G : \left| \frac{G(j\omega) - \widetilde{G}(j\omega)}{\widetilde{G}(j\omega)} \right| \leq \Delta(j\omega) \right\} \tag{2.32}$$

で与えられているとすると†，ロバスト安定条件は

$$|\eta(j\omega)\Delta(j\omega)| < 1, \qquad \forall \omega \tag{2.33}$$

となる．相補感度関数 η は式 (2.29) であるから，不等式 (2.33) は

$$|G(j\omega)C(j\omega)| < \frac{1}{|\Delta(j\omega)|}, \qquad \forall \omega \tag{2.34}$$

と書き換えられる．ここでコントローラは $C(s) = \widetilde{G}_-^{-1}(s)F(s)$ であるから，ロバスト安定条件は

$$|F| < \frac{1}{\left|G\widetilde{G}_-^{-1}\Delta\right|}, \qquad \forall \omega \tag{2.35}$$

となる．プラントの変動 Δ は通常高周波領域で不確かさの度合いが大きいので，IMC フィルタはその逆数，すなわちローパス特性を持つ式 (2.30) の形に選ばれる．

$G = \widetilde{G}$ で，安定プロパのうえに，最小位相系と仮定すると，$y = r$ となり，外乱は完全に除去され，伝達関数は 1 になっている．安定だが真にプロパなプラントの場合や非最小位相系の場合は，モデルの逆数はとれないので伝達関数を 1 にすることはできない．

制御対象とモデルに誤差がないむだ時間系の場合 ($G = \widetilde{G}$ かつ $L = \hat{L}$) には応答特性は式 (2.26) から††

$$y = CGe^{-Ls}r + (1 - C\widetilde{G}e^{-\hat{L}s})d \tag{2.36}$$

---

† Δ はプラントの変動の上界を表している．
†† 制御対象とモデルが区別できるように，$\widetilde{G}$ を残してある．

と表される。IMC 制御の設計手順に従うと IMC コントローラは $C = \widetilde{G}^{-1}F$ であり、応答特性はつぎのように表される。

$$y = Fe^{-Ls}r + (1 - Fe^{-\hat{L}s})d \tag{2.37}$$

これはちょうど設計パラメータである IMC フィルタ ＋ むだ時間の形に閉ループ系をモデルマッチングしたと解釈することもできる。

例題 2.3 制御対象を，**例題 2.1** と同じ式 (2.5) とすると，モデルは

$$\widetilde{G}_{-} = \frac{2}{(1+s)(1+0.2s)} \tag{2.38}$$

$$\widetilde{G}_{+} = e^{-10s} \tag{2.39}$$

と分解できる。$\widetilde{G}_{-}$ は 2 次なので，IMC フィルタは 2 次にする必要がある。結局、IMC コントローラは

$$C(s) = \frac{(1+s)(1+0.2s)}{2(bs+1)^2} \tag{2.40}$$

と求められる。ここで設計パラメータは式 (2.40) のフィルタ時定数 b だけである。むだ時間を除いた集中定数系部分の時定数よりも小さな時定数をフィルタ時定数と選ぶと応答はよくなる。

IMC フィルタの時定数を $b = 3, 2, 1, 0.5$ としたときのシミュレーションを見ると，時定数が小さくなるほど応答が速くなっているのがわかる (**図 2.13**)。ただし，あまり小さくしすぎると、感度が高くなり外乱に弱くなる

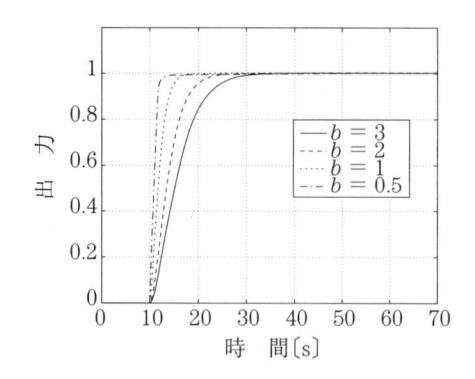

図 2.13 IMC 制御によるシミュレーション

ので注意が必要である。PID 制御の**例題 2.2** で示した**図 2.8** と比べると，むだ時間を積極的に考慮した違いがわかる。

図 2.12 を通常の単一フィードバック系に変換すると，前置補償器は以下のように表される。

$$u = \frac{C}{1 - C\widetilde{G}e^{-\hat{L}s}}(r - y) \tag{2.41}$$

式 (2.41) は単一フィードバックの補償器の分母にむだ時間が含まれる形になっている。前置補償器のむだ時間要素を実現することが難しい場合は，パディ近似などで補償器を有理伝達関数に近似することができる。この場合はパディ近似の次数を上げ[†]，IMC フィルタの時定数を大きめにすれば[††]，有理伝達関数のコントローラでむだ時間系の制御が可能になる。もちろん立ち上がり時間などの制御性能はあまり期待できない。

入力に飽和があるプラントでは，閉ループ系内にある積分動作によって **Windup**[†††] と呼ばれるオーバーシュートが生じることが知られているが，**図 2.14** のようにモデルに飽和要素を加えるとオーバーシュートを抑えることができる。

目標値応答特性と外乱応答特性とを独立に設定したい場合は，**図 2.15** のよ

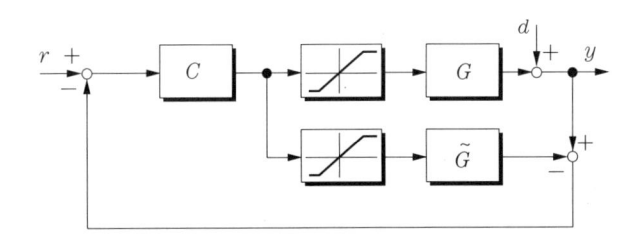

図 2.14 飽和要素を加えた IMC 制御のブロック線図

[†] 少なくとも 2 次程度は必要。
[††] 外乱に対するロバスト性を高めることになる。
[†††] 偏差をなくそうと入力を加えても入力の飽和により偏差がなくならず，積分器に誤差が蓄積され，あとから出力に影響してオーバーシュートを起こしてしまう現象。

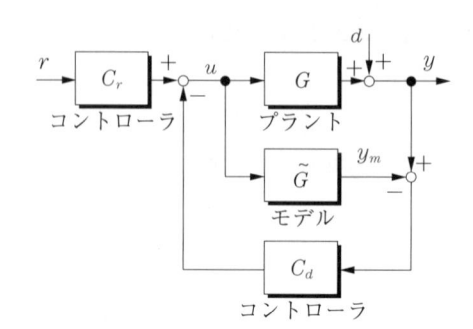

42   2. むだ時間系の制御 － 伝達関数によるアプローチ －

図 2.15　2 自由度系 IMC 制御のブロック線図

うに 2 自由度系を構成すればよい．この場合，目標値応答の IMC コントローラ $C_r(s)$ と外乱応答の IMC コントローラ $C_d(s)$ の設計法は 1 自由度系の場合と同じで，自由パラメータはそれぞれの IMC フィルタの時定数である．

その他の IMC 制御の話題としては，スミス法でとりあげた安定性や外乱補償があげられる．IMC 構造ではむだ時間の小さな誤差では必ず安定であり，新たな外乱補償器を導入しなくても，入力外乱補償が可能になる[20]．また，集中定数系で windsufer approach[21] と呼ばれる IMC 制御と閉ループ同定の繰り返し設計法が，むだ時間系にも拡張されている[22]．

2.2.3　スミス法と IMC 制御の共通点

ここでは IMC 構造とスミス法の共通点・相違点などについて考えていく．スミス法と IMC 構造は両方とも正確なモデルに基づいて設計された方法である．そしてどちらも出力をモデルで予測し，その予測値をフィードバックに用いている．

図 2.11 のスミス法において，内部モデル $\tilde{G}$ をコントローラへのフィードバック部分と，むだ時間要素へと並列に書くと，**図 2.16** と等価変換できる．**図 2.16** は IMC 制御と同じように内部にモデルを持ち，IMC 構造となっていることがわかる．

実際，IMC 制御とスミス法を等しくするコントローラを考えてみよう．IMC コントローラは C，スミス法のコントローラは C_s である．**図 2.16** から $r \to y$

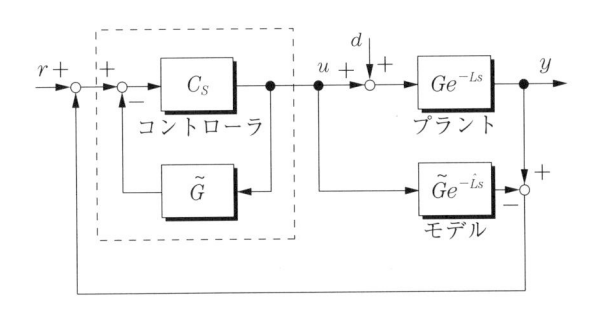

図 2.16 内部モデルタイプスミス法のブロック線図

を等しくするコントローラは

$$C = \frac{C_s}{1 + C_s \widetilde{G}} \tag{2.42}$$

$$C_s = \frac{C}{1 - C\widetilde{G}} \tag{2.43}$$

であり，このとき $d \to y$ の特性も完全に一致する。

スミス法のコントローラを PID 制御に限定すると，両者が完全に一致するのは，制御対象が 1 次遅れ + むだ時間の場合だけである[†]。PID 制御に限定しなければ，両者の応答特性はつねに等しくすることができる。

スミス法はむだ時間を意識しないで経験知識のある PID 制御などで制御系が構成できるが，制御対象，特にむだ時間の値を正確に同定する必要がある。

IMC 制御では，設計パラメータは IMC フィルタの時定数だけであるので，試行錯誤の回数は PID 制御などと比べてはるかに少なくてすむ。しかしながら，コントローラはモデルの逆数を用いて設計されるため，モデルを正確に同定しなければならず，モデルの同定精度が制御系性能に直接関係してくる。特にモデルのゲインに誤差が含まれると IMC フィルタの時定数の設定が難しくなる。

[†] 微分動作には疑似微分を用いることになる。

********** 演 習 問 題 **********

【1】 フィードバック系 (図 **2.1**) において,外乱が入力外乱 (d が G と C の間に入る場合) であるときに,フィードバック制御の影響を調べよ.

【2】 例題 2.2 の制御対象,式 (2.18) において

$$G(s) = \frac{K}{(1+s)(1+0.2s)} e^{-10s} \tag{2.44}$$

として,$K = 2.4$ と $K = 1.6$ の場合の部分的モデルマッチング法のゲインを計算し,求められたゲインを**例題 2.2** の結果と比較せよ.

【3】 図 **2.12** のブロック線図を等価変換して C (IMC コントローラ), G(プラント), $\widetilde{G}$(モデル) を用いて単一フィードバックのブロック線図に書き換え,前置補償器 G_c を求めよ.また,むだ時間系の場合は式 (2.41) になることを確認せよ.

【4】 通常の前置補償器 G_c とプラント G から構成されるの単一フィードバック系を IMC 構造に等価変換して,IMC コントローラ C を求めよ.

3

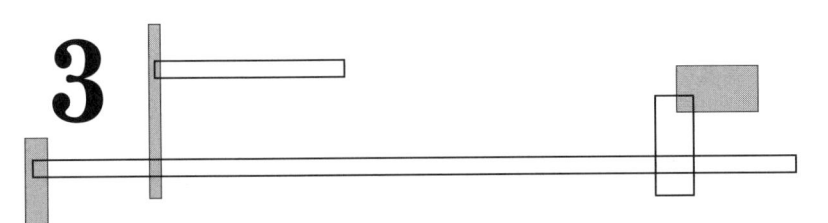

むだ時間系の制御
— 状態予測制御によるアプローチ —

　入力むだ時間系は**図 3.1** のような簡単な構造を持ちながら，実際の制御でしばしば問題になる対象である．本章では，状態予測の考え方に基づいて，最適制御則，ロバスト制御則の構成法を明らかにする．

3.1　状態予測制御

　入力にむだ時間が含まれるつぎのシステムを考える (**図 3.1**)．

$$\Sigma: \quad \dot{x}(t) = Ax(t) + Bu(t-L) \tag{3.1}$$

$$y(t) = Cx(t)$$

ここで $u(t) \in R^m$, $y(t) \in R^r$ は入力，出力であり，$x(t) \in R^n$ は**図 3.1** に示した集中定数部分の状態である．行列 A, B, C は適当な次数の行列であり，(A,B) は可制御，(C,A) は可観測であるとする．

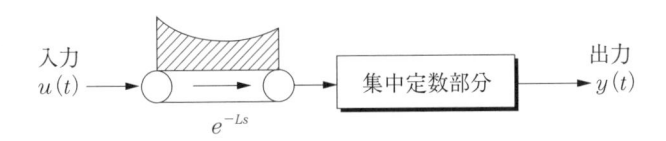

入力 $u(t)$ → e^{-Ls} → 集中定数部分 → 出力 $y(t)$

むだ時間要素

図 3.1　入力むだ時間系

系 Σ は,入力が状態に影響するまでに L 秒の遅れが生じるシステムであり,系 Σ の制御を考えるときには,過去の入力 $u(t+\tau)$ ($-L \leq \tau < 0$) と状態 $x(t)$ の両方を考慮するのが自然である†.

本節では,状態 $x(t)$ と過去の入力 $u(t+\tau)$ ($-L \leq \tau < 0$) に基づいて,未来の状態を予測しながら入力を決める状態予測制御の考え方を説明する.そして,状態フィードバックの場合 (3.1.1 項),オブザーバを用いる場合 (3.1.2 項) について,制御則の構成法を明らかにする.

3.1.1 状態予測制御:状態フィードバックの場合

むだ時間系 Σ (式 (3.1)) に対して,状態 $x(t)$ と過去の入力 $u(t+\tau)$ ($-L \leq \tau < 0$) に基づいて制御則を構成することを考えよう.これらの情報が利用できると,時刻 t から $t+L$ までの状態が,つぎのように直接計算できる.

$$x(t+\beta) = e^{A\beta}x(t) + \int_{t}^{t+\beta} e^{A(t+\beta-\tau)}Bu(\tau-L)\,d\beta \quad (3.2)$$
$$0 \leq \beta \leq L$$

そこで,つぎの基本的な考え方から制御則を構成する.

基本的な考え方

(**手順1**)　状態 $x(t+L)$ を,現在の状態 $x(t)$ とむだ時間要素に蓄えられた過去の入力 $u(t+\tau)$ ($-L \leq \tau < 0$) に基づいて計算する.

(**手順2**)　時刻 t に与える入力は,時刻 $t+L$ になって集中定数部分に作用する.そこで手順1で予測した状態 $x(t+L)$ をもとに,その時刻に必要となる制御入力を決定する.

この制御法は,制御入力がむだ時間要素に一定時間蓄えられ,制御対象 (集中定数部分) には遅れて印加されることを利用したものである.そして,状態の予測値 $x(t+L)$ は制御則の内部で計算し,予測値に基づいて制御入力を決定するので**状態予測制御**と呼ばれる.

---

† 入力むだ時間系の状態を,$x(t)$ と $u(t+\tau)$ ($-L \leq \tau < 0$) により定義する場合もある.本章では集中定数部分の内部状態 $x(t)$ を単に状態と呼んでいる.

つぎに状態予測制御則を実際に計算する。

(手順1) の計算：時刻 t における状態を $x(t)$ として，むだ時間要素に蓄えられている過去の入力を $u(t+\tau)$ $(-L \leqq \tau < 0)$ とする。このとき L 秒後の状態 $x(t+L)$ は，つぎのように計算できる。

$$x(t+L) = e^{AL}x(t) + \int_t^{t+L} e^{A(t+L-\tau)}Bu(\tau - L)\,d\tau \tag{3.3}$$

したがって，各時刻において式 (3.3) の計算を行えば状態の予測が可能である。

式 (3.3) を詳しく調べよう。式 (3.3) に補助変数

$$p(t) := x(t) + \int_{-L}^0 e^{-A(\beta+L)}Bu(t+\beta)\,d\beta \tag{3.4}$$

を導入すると，これは

$$\begin{aligned}
x(t+L) &= e^{AL}x(t) + \int_t^{t+L} e^{A(t+L-\tau)}Bu(\tau-L)\,d\tau \\
&= e^{AL}x(t) + \int_{-L}^0 e^{-A\beta}Bu(t+\beta)\,d\beta \\
&= e^{AL}\left\{x(t) + \int_{-L}^0 e^{-A(\beta+L)}Bu(t+\beta)\,d\beta\right\} \\
&= e^{AL}p(t) \tag{3.5}
\end{aligned}$$

と変形できるので，L 秒後の状態 $x(t+L)$ が式 (3.5) で与えられる。また補助変数 $p(t)$ の時間微分は

$$\begin{aligned}
\dot{p}(t) &= \frac{d}{dt}\left\{x(t) + \int_{-L}^0 e^{-A(\beta+L)}Bu(t+\beta)\,d\beta\right\} \\
&= \dot{x}(t) + \int_{-L}^0 e^{-A(\beta+L)}B \cdot \frac{\partial}{\partial t}u(t+\beta)\,d\beta \\
&= \dot{x}(t) + \int_{-L}^0 e^{-A(\beta+L)}B \cdot \frac{\partial}{\partial \beta}u(t+\beta)\,d\beta \tag{3.6}
\end{aligned}$$

となり，さらに右辺第1項に式 (3.1)，第2項に部分積分を適用するとつぎの関係が得られる。

$$\dot{p}(t) = Ax(t) + Bu(t-L)$$

$$+\left[e^{-A(\beta+L)}Bu(t+\beta)\right]_{\beta=-L}^{\beta=0}+A\int_{-L}^{0}e^{-A(\beta+L)}Bu(t+\beta)\,d\beta$$

$$=A\left\{x(t)+\int_{-L}^{0}e^{-A(\beta+L)}Bu(t+\beta)\,d\beta\right\}$$

$$+Bu(t-L)+e^{-AL}Bu(t)-Bu(t-L)$$

$$=Ap(t)+e^{-AL}Bu(t) \tag{3.7}$$

すなわち状態の予測値 $x(t+L)$ を考えながら制御入力 $u(t)$ を決定することは,仮想的な集中定数系

$$\Sigma^{fic}:\quad \dot{p}(t)=Ap(t)+e^{-AL}Bu(t) \tag{3.8}$$

を定義して,このシステムの制御を考えることと同じである。なぜならば,変数 $x(t+L)$ と $p(t)$ には式 (3.5) の関係があり,系 Σ^{fic} の時間応答が決まれば,むだ時間系 Σ の応答が決まるからである。

むだ時間系 Σ の初期状態と過去の入力が

$$x(0)=x_0,\quad u(\tau)=u_0(\tau),\qquad -L\leq\tau<0 \tag{3.9}$$

であった場合,式 (3.4) より,集中定数系 Σ^{fic} の初期状態は,つぎのように与えられる。

$$p(0)=x_0+\int_{-L}^{0}e^{-A(\beta+L)}Bu_0(\beta)\,d\beta \tag{3.10}$$

手順1の計算から,状態予測制御とは仮想的な集中定数系 Σ^{fic} を見ながらそのふるまいを制御する方法であることがわかった。つぎに,この集中定数系 Σ^{fic} に状態 $p(t)$ のフィードバック制御を施すと,むだ時間系 Σ にどのような制御を施したことになるのか調べよう。

(手順2) の計算:予測値 $p(t)$ に基づいて,系 Σ^{fic} にフィードバック制御

$$u(t)=Kp(t) \tag{3.11}$$

を施した場合を考える。このとき仮想系 Σ^{fic} と制御則の式 (3.11) からなる閉ループ系は

$$\Sigma_c^{fic}:\quad \dot{p}(t)=(A+e^{-AL}BK)p(t) \tag{3.12}$$

となるので,系の式 (3.12) を安定化するためには,行列 $A+e^{-AL}BK$ が安定になるように K を選べばよい。

同じ制御をむだ時間系 Σ に与えるときは，式 (3.4) と式 (3.11) を用いて，つぎの制御則を構成すればよい．

$$u(t) = K\left\{x(t) + \int_{-L}^{0} e^{-A(\beta+L)} Bu(t+\beta)\, d\beta\right\} \tag{3.13}$$

むだ時間系 Σ と制御則の式 (3.13) から構成した閉ループ系が実際に安定になることは，つぎのように確認できる．式 (3.12) で示した系は安定であるから $p(t) \to 0 \; (t \to \infty)$ となり，また，式 (3.11)，(3.5) から $u(t) \to 0, x(t) \to 0 \; (t \to \infty)$ となる†．よって任意の初期状態に対して $x(t) \to 0, u(t) \to 0 \; (t \to \infty)$ であるから，系 Σ に制御則の式 (3.13) を施した閉ループ系は安定である．

例題 3.1 つぎの入力むだ時間系に対して，状態予測制御則を構成しよう．

$$\dot{x}(t) = Ax(t) + Bu(t-\pi) \tag{3.14}$$

$$A = \begin{bmatrix} 0 & 1 \\ -1 & 0 \end{bmatrix}, \; B = \begin{bmatrix} 0 \\ 1 \end{bmatrix}$$

このとき，状態遷移行列 e^{At} は

$$e^{At} = \begin{bmatrix} \cos t & \sin t \\ -\sin t & \cos t \end{bmatrix} \tag{3.15}$$

となるから，仮想的な集中定数系 Σ_c^{fic} (式 (3.8)) が

$$\dot{p}(t) = \begin{bmatrix} 0 & 1 \\ -1 & 0 \end{bmatrix} p(t) + \begin{bmatrix} 0 \\ -1 \end{bmatrix} u(t) \tag{3.16}$$

と計算できる (3 章の演習問題【1】)．そこで系の式 (3.16) を安定にする制御則を施せば，むだ時間系の式 (3.15) が安定化できる．制御則を，例えば

$$u(t) = [\,2 \quad 4\,]\, p(t) \tag{3.17}$$

と与えると，閉ループ系の極は $-1, -3$ となり安定である．そこで式 (3.17) に対応する予測制御則を，むだ時間系の式 (3.16) に施すことにすると，制

---

† 集中定数系 Σ_c^{fic} の初期状態を式 (3.10) で与えれば，等式 $x(t) = e^{A_c} p(t), A_c = A + e^{-AL} BK$ を満たしながら状態 $x(t)$ は収束する．

御則の式 (3.13) が

$$u(t) = \begin{bmatrix} 2 & 4 \end{bmatrix} \left\{ x(t) + \int_{-\pi}^{0} \begin{bmatrix} \cos(\beta+\pi) & -\sin(\beta+\pi) \\ \sin(\beta+\pi) & \cos(\beta+\pi) \end{bmatrix} \right.$$
$$\left. \times \begin{bmatrix} 0 \\ 1 \end{bmatrix} u(t+\beta)\,d\beta \right\} \quad (3.18)$$

すなわち

$$u(t) = \begin{bmatrix} 2 & 4 \end{bmatrix} \left\{ x(t) + \int_{-\pi}^{0} \begin{bmatrix} \sin\beta \\ -\cos\beta \end{bmatrix} u(t+\beta)\,d\beta \right\}$$
$$= \begin{bmatrix} 2 & 4 \end{bmatrix} x(t) + \int_{-\pi}^{0} (2\sin\beta - 4\cos\beta) u(t+\beta)\,d\beta \quad (3.19)$$

のように計算できる。

式 (3.13) の制御則を実装するときには，制御器内部で $u(t-L) \sim u(t)$ のデータを保存する必要があり，集中定数系の制御とは別の注意が必要である。

3.1.2 状態予測制御：オブザーバを用いる場合

むだ時間系 Σ に対して，状態 $x(t)$ が観測できない場合には，代わりに出力 $y(t)$ に基づいて制御則を設計しなければならない。本項では，状態 $x(t)$ の推定に**同一次元オブザーバ**

$$\dot{\hat{x}}(t) = A\hat{x}(t) + Bu(t-L) + L(y(t) - C\hat{x}(t)) \quad (3.20)$$

を用いて予測制御を行う方法を考える。ここで $\hat{x}(t) \in R^n$ は状態の推定値である。また L はオブザーバゲインであり，行列 $A - LC$ が安定になるように与えられる。

状態 $x(t)$ の代わりに推定値 $\hat{x}(t)$ を用いる場合，たとえ状態の予測を

$$x(t+L) = e^{AL}\hat{x}(t) + \int_{t}^{t+L} e^{A(t-\tau)} Bu(\tau-L)\,d\tau$$

と行っても右辺から正確な予測値 $x(t+L)$ は得られない。なぜならば，予測の

基礎とした $\hat{x}(t)$ に推定誤差が含まれるからである。

本項では，オブザーバの推定値に基づいて予測制御を行う場合，制御系全体の安定性をどのように保証すればよいのか調べていく。

むだ時間系 Σ とオブザーバの式 (3.20) からつぎに示すオブザーバ併合系を構成する (**図 3.2**)†。

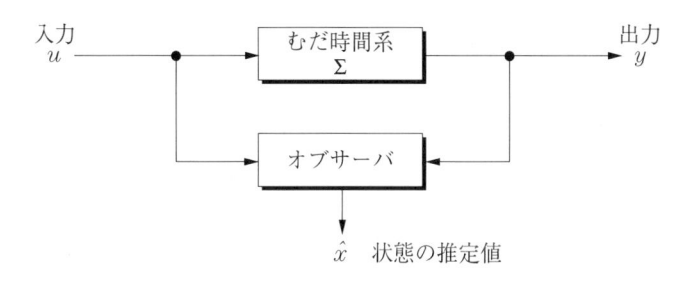

図 3.2 オブザーバ併合系の構成

$$\hat{\Sigma} : \begin{bmatrix} \dot{\hat{x}}(t) \\ \dot{e}(t) \end{bmatrix} = \begin{bmatrix} A & LC \\ 0 & A - LC \end{bmatrix} \begin{bmatrix} \hat{x}(t) \\ e(t) \end{bmatrix} + \begin{bmatrix} B \\ 0 \end{bmatrix} u(t - L) \tag{3.21}$$

ここで $e(t)$ は $e(t) := x(t) - \hat{x}(t)$ と定めた量であり，状態 $x(t)$ と推定値 $\hat{x}(t)$ の偏差を表す。式 (3.21) は，入力の影響を受けて制御対象の状態 $x(t)$ と推定値の偏差 $e(t) := x(t) - \hat{x}(t)$ がどのように変化するか表した式である。そして，関係式

$$\dot{e}(t) = (A - LC)e(t) \tag{3.22}$$

が含まれるので，行列 $A - LC$ が安定ならば推定値の偏差は 0 に収束していくことが確認できる。

以下では推定値 $\hat{x}(t)$ を用いた予測制御

---

† 併合系とは，制御対象とオブザーバの式 (3.1), (3.20) を結合させた系のことである。よって，併合系にフィードバック制御の記述を加えれば，制御系全体を表すことができる。

$$u(t) = K\left\{\hat{x}(t) + \int_{-L}^{0} e^{-A(\beta+L)} Bu(t+\beta)\,d\beta\right\} \tag{3.23}$$

を併合系に適用し，フィードバックゲイン K と系の安定性の関係を導くことにする．併合系の式 (3.21) に推定値に基づく補助変数

$$\hat{p}(t) = \hat{x}(t) + \int_{-L}^{0} e^{-A(\beta+L)} Bu(t+\beta)\,d\beta \tag{3.24}$$

を導入すると変数 $\hat{p}(t)$, $e(t)$ のふるまいが，仮想的な集中定数系

$$\hat{\Sigma}^{fic}: \begin{bmatrix} \dot{\hat{p}}(t) \\ \dot{e}(t) \end{bmatrix} = \begin{bmatrix} A & LC \\ 0 & A-LC \end{bmatrix} \begin{bmatrix} \hat{p}(t) \\ e(t) \end{bmatrix} + \begin{bmatrix} e^{-AL}B \\ 0 \end{bmatrix} u(t) \tag{3.25}$$

により与えられる．したがって補助変数 $\hat{p}(t)$ を用いて系 $\hat{\Sigma}$ 全体を安定化することは，集中定数系 $\hat{\Sigma}^{fic}$ を安定化することに等しい．系 $\hat{\Sigma}$ に制御則の式 (3.23) を適用することは，系 $\hat{\Sigma}^{fic}$ に制御則

$$u(t) = K\hat{p}(t) \tag{3.26}$$

を適用することになるから，行列 K は閉ループ系

$$\hat{\Sigma}_c^{fic}: \begin{bmatrix} \dot{\hat{p}}(t) \\ \dot{e}(t) \end{bmatrix} = \begin{bmatrix} A+e^{-AL}BK & LC \\ 0 & A-LC \end{bmatrix} \begin{bmatrix} \hat{p}(t) \\ e(t) \end{bmatrix} \tag{3.27}$$

が安定になるように与えればよい．すなわち K は $A+e^{-AL}BK$ を安定にする行列である．

最後にオブザーバ併合系の式 (3.21) と予測制御則

$$u(t) = K\hat{p}(t), \quad \hat{p}(t) = \hat{x}(t) + \int_{-L}^{0} e^{-A(\beta+L)} Bu(t+\beta)\,d\beta \tag{3.28}$$

から構成した閉ループ系が安定であることを確認しよう．フィードバックゲイン K は，系の式 (3.27) が安定になるように選ばれたので，$\hat{p}(t) \to 0$, $e(t) = x(t) - \hat{x}(t) \to 0$ $(t \to \infty)$ となり，また式 (3.26) から $u(t) \to 0$ $(t \to \infty)$ が示

される.さらに式 (3.24) 両辺の関係から $\hat{x}(t) \to 0 \ (t \to \infty)$ となり, $x(t) \to 0$ $(t \to \infty)$ が示された.以上のことから,状態予測制御にオブザーバを用いるときにも,制御系の安定性は保証されており,フィードバック則の式 (3.23) のゲインはオブザーバと独立に選べることが明らかになった.

状態予測制御の基本的な構成は式 (3.4) または式 (3.24) で与えられ,集中定数部分の状態を予測するところに大きな特徴がある.

3.2 極 配 置

入力むだ時間系に状態予測制御を適用する場合,制御則は仮想的な集中定数系に基づいて設計できることが示された (3.1 節).これらの結果はオブザーバを併用する場合も同様であり,仮想的な集中定数系を安定にする制御則が得られれば,それらのパラメータからむだ時間系を安定にする制御則が構成できる.

本節では,状態予測制御により構成した制御系の極の性質を調べ,それらが設計に用いた仮想系の極に一致することを明らかにする.つぎに,入力むだ時間系に対して閉ループ系の速応性を調整する一つの手法を紹介する (安定度指定法).

3.2.1 状態予測制御と極配置:状態フィードバックの場合

むだ時間系 Σ とフィードバック則の式 (3.13) から構成した閉ループ系

$$\Sigma_c: \dot{x}(t) = Ax(t) + Bu(t-L) \tag{3.29}$$

$$u(t) = K\left\{x(t) + \int_{-L}^{0} e^{-A(\beta+L)} Bu(t+\beta)\, d\beta\right\} \tag{3.30}$$

の極を明らかにしよう.式 (3.29), (3.30) はそれぞれラプラス変換すると

$$sX(s) = AX(s) + Be^{-sL}U(s) \tag{3.31}$$

$$U(s) = K\left\{X(s) + \int_{-L}^{0} e^{-A(\beta+L)} Be^{s\beta}\, d\beta\, U(s)\right\} \tag{3.32}$$

となるので,閉ループ系の特性方程式は

$$\det \begin{bmatrix} sI - A & -Be^{-sL} \\ -K & I - KT(s) \end{bmatrix} = 0 \tag{3.33}$$

$$T(s) := \int_{-L}^{0} e^{-A(\beta+L)} B e^{s\beta'} d\beta \tag{3.34}$$

となる。ここで式 (3.34) に定義した伝達関数 $T(s)$ は,つぎの性質を持っている。

$$\begin{aligned}(sI - A)T(s) &= (sI - A)\int_{-L}^{0} e^{-A(\beta+L)} B e^{s\beta} d\beta \\ &= \int_{-L}^{0} (sI - A) \cdot e^{(sI-A)\beta} \cdot e^{-AL} B \, d\beta \\ &= \left[e^{(sI-A)\beta} \cdot e^{-AL} B \right]_{\beta=-L}^{\beta=0} \\ &= e^{-AL} B - e^{-sL} B \end{aligned} \tag{3.35}$$

さらに,式 (3.33) 左辺は,行列式が 1 になる行列

$$\begin{bmatrix} I & -T(s) \\ 0 & I \end{bmatrix} \begin{bmatrix} I & 0 \\ K & I \end{bmatrix}$$

をかけても変わらないので,つぎのように変形できる。

$$\begin{aligned} & \det \left\{ \begin{bmatrix} sI - A & -Be^{-sL} \\ -K & I - KT(s) \end{bmatrix} \begin{bmatrix} I & -T(s) \\ 0 & I \end{bmatrix} \begin{bmatrix} I & 0 \\ K & I \end{bmatrix} \right\} \\ &= \det \left\{ \begin{bmatrix} sI - A & -e^{-AL}B \\ -K & I \end{bmatrix} \begin{bmatrix} I & 0 \\ K & I \end{bmatrix} \right\} \\ &= \det \begin{bmatrix} sI - A - e^{-AL}BK & -e^{-AL}B \\ 0 & I \end{bmatrix} \\ &= \det(sI - A - e^{-AL}BK) \end{aligned} \tag{3.36}$$

$$\tag{3.37}$$

ここで,式 (3.36) を得る過程で式 (3.35) を利用した。式 (3.37) から,むだ時間系に対して構成した閉ループ系 Σ_c は,仮想的な集中定数系 Σ_c^{fic} (式 (3.12)) と

同じ極を持ち，それらは行列 $A + e^{-AL}BK$ の固有値に一致することがわかる。

したがって，制御系 Σ_c の極配置を行いたいときには，集中定数系
$$\Sigma^{fic} : \dot{p}(t) = Ap(t) + e^{-AL}Bu(t) \tag{3.38}$$
に対して希望の極配置を達成する制御則 $u(t) = Kp(t)$ を設計し，得られたフィードバックゲイン K を予測制御則の式 (3.30) に用いればよい．

3.2.2 状態予測制御と極配置：オブザーバを用いる場合

オブザーバを使用した場合を考える．制御系全体は，オブザーバ併合系の式 (3.21) と制御則の式 (3.28) から

$$\begin{bmatrix} \dot{\hat{x}}(t) \\ \dot{e}(t) \end{bmatrix} = \begin{bmatrix} A & LC \\ 0 & A - LC \end{bmatrix} \begin{bmatrix} \hat{x}(t) \\ e(t) \end{bmatrix} + \begin{bmatrix} B \\ 0 \end{bmatrix} u(t - L) \tag{3.39}$$

$$u(t) = K\left\{\hat{x}(t) + \int_{-L}^{0} e^{-A(\beta+L)}Bu(t+\beta)\,d\beta\right\} \tag{3.40}$$

のように表される．式 (3.39), (3.40) をラプラス変換すると

$$s\hat{X}(s) = A\hat{X}(s) + Be^{-sL}U(s) + LCE(s) \tag{3.41}$$

$$U(s) = K\hat{X}(s) + KT(s)U(s) \tag{3.42}$$

$$sE(s) = (A - LC)E(s) \tag{3.43}$$

となるので，閉ループ系の特性方程式はつぎのようにまとめられる．

$$\det \begin{bmatrix} sI - A & -Be^{-sL} & -LC \\ -K & I - KT(s) & 0 \\ 0 & 0 & sI - A + LC \end{bmatrix} = 0 \tag{3.44}$$

さらに，式 (3.44) が

$$\det \begin{bmatrix} sI - A & -Be^{-sL} \\ -K & I - KT(s) \end{bmatrix} \cdot \det(sI - A + LC) = 0 \tag{3.45}$$

と分解できることと，式 (3.37) の変形に注意すれば，式 (3.44) は

$$\det(sI - A - e^{-AL}BK) \cdot \det(sI - A + LC) = 0 \tag{3.46}$$

と計算できる。

したがって，むだ時間系 Σ の状態予測制御にオブザーバを用いた場合も，閉ループ系の極は集中定数系 $\hat{\Sigma}_c^{fic}$ の $2n$ 個の極に一致する。そしてそれらは，オブザーバゲイン L の設計により定められた n 個の極 (行列 $A - LC$ の固有値) とフィードバックゲイン K の設計により定められた n 個の極 (行列 $A + e^{-AL}BK$ の固有値) であり，独立に考えることができる。

3.2.3 安定度指定法

3.2.2 項までの結果により，予測制御を行った制御系の極の性質が明らかになった。本項では制御系の速応性を，指数安定度により調整する方法を説明する (安定度指定法)。安定度指定法とは，閉ループ系の極が虚軸から一定の幅以上離れた領域に現れるように制御則を求める方法であり，制御系の速応性をおおまかに調節することができる (**図 3.3**)。そして閉ループ系の極が**図 3.3** の領域内に配置できた場合，**指数安定度**が k 以上であると呼ぶ。

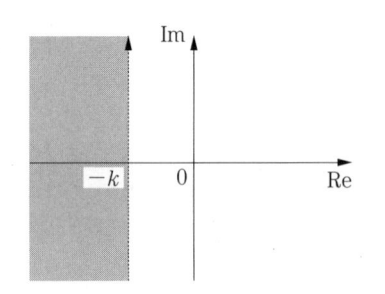

図 3.3 安定度を指定した極配置領域

以下では，むだ時間系に対して制御系の指数安定度を指定する場合，どのように予測制御則を設計すればよいか明らかにする。この方法は設計仕様が極配置より緩やかなため，他の設計仕様と両立するように利用できることが多い。

はじめに，むだ時間のない制御対象

$$\dot{x}(t) = Ax(t) + Bu(t) \tag{3.47}$$

を用いて，基本的な考え方を説明しよう。制御則の設計に用いる数式モデルを式 (3.47) ではなく

$$\dot{x}(t) = \hat{A}x(t) + Bu(t), \qquad \hat{A} := A + k \cdot I, \quad k > 0 \tag{3.48}$$

と置き換えてみる．そして，この系を安定にするように状態フィードバック則

$$u(t) = \hat{K}x(t) \tag{3.49}$$

を求めると，閉ループ系

$$\dot{x}(t) = (\hat{A} + B\hat{K})x(t) \tag{3.50}$$

は安定で，行列は実部が負の固有値を持つ．一方同じ制御則の式 (3.49) を，本来の系の式 (3.47) に適用すると，得られる閉ループ系は

$$\dot{x}(t) = (A + B\hat{K})x(t) \tag{3.51}$$

となる．行列 $\hat{A} + B\hat{K}$ と $A + B\hat{K}$ はともに安定であり

$$\hat{A} + B\hat{K} = (A + B\hat{K}) + k \cdot I \tag{3.52}$$

が成り立つので，系の式 (3.51) の極は実部をさらに k だけ増加させても安定である†．したがって，補助系の式 (3.48) を定義してこれを安定にする状態フィードバック則を求めれば，系の式 (3.47) に対して指数安定度が k 以上になる状態フィードバック則が設計できる．

つぎに，むだ時間系の式 (3.53) に対して指数安定度が k 以上になる予測制御則を構成する．入力むだ時間系

$$\dot{x}(t) = Ax(t) + Bu(t - L) \tag{3.53}$$

に予測制御則

$$u(t) = K \left\{ x(t) + \int_{-L}^{0} e^{-A(\beta + L)} Bu(t + \beta) \, d\beta \right\} \tag{3.54}$$

を適用すると，3.1 節の結果から，閉ループ系は行列 $A + e^{-AL}BK$ の固有値を極に持つ．したがって，閉ループ系の指数安定度を k 以上にするには，系

$$\dot{p}(t) = \hat{A}p(t) + e^{-AL}Bu(t), \qquad \hat{A} := A + k \cdot I \tag{3.55}$$

を安定にする状態フィードバック則 $u(t) = Kp(t)$ を求め，そのゲイン K を予測制御則の式 (3.54) に利用すればよい．

ここで考えた指数安定度指定法は，つぎの基本的な関係に注意すれば，オブ

---

† 行列 $(A + B\hat{K})$ の固有値を λ とすると，行列 $(A + B\hat{K}) + k \cdot I$ は $\lambda + k$ を固有値に持つ．よって $\mathrm{Re}(\lambda + k) < 0$ ならば $\mathrm{Re}(\lambda) < -k$ である．

ザーバ併合系などより複雑な制御則の設計に利用できる。

【定理 3.1】 制御対象が伝達関数により $G(s)$ と与えられたとする。このとき閉ループ系の指数安定度が k 以上になる制御則は，つぎの手順で構成できる。

1. 制御対象 $G(s)$ の代わりに，$\tilde{s} = s + k$ とおいた補助的な系 $\tilde{G}(\tilde{s})$ を定義する。
$$\tilde{G}(\tilde{s}) = G(\tilde{s} - k) \tag{3.56}$$
2. 系 $\tilde{G}(\tilde{s})$ に対して，閉ループ系 $(\tilde{G}, \tilde{H})$ が安定になる制御則 $\tilde{H}(\tilde{s})$ を設計する (**図 3.4**)。

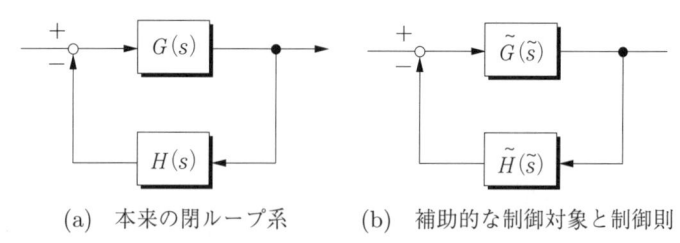

(a) 本来の閉ループ系　　(b) 補助的な制御対象と制御則

図 3.4 閉ループ系 (G, H) の構成

3. 制御則 $\tilde{H}(\tilde{s})$ から
$$H(s) = \tilde{H}(s + k) \tag{3.57}$$
を定めると，$G(s), H(s)$ から構成した閉ループ系は，指数安定度が k 以上になる。

証明 補助系 $\tilde{G}(\tilde{s}) = G(\tilde{s} - k)$ が安定になるように求めた制御則を $\tilde{H}(\tilde{s})$ として，閉ループ系の伝達関数を
$$\tilde{G}_{cl}(\tilde{s}) = (I - \tilde{G}(\tilde{s})\tilde{H}(\tilde{s}))^{-1}\tilde{G}(\tilde{s}) \tag{3.58}$$
と表す。一方，本来の系 $G(s)$ に対する制御則を
$$H(s) = \tilde{H}(s + k) \tag{3.59}$$
と定めて閉ループ系を構成すると，閉ループ系の伝達関数は
$$G_{cl}(s) = (I - G(s)H(s))^{-1}G(s) \tag{3.60}$$

となり，$\tilde{G}_{cl}(\tilde{s})$ と $G_{cl}(s)$ の間にはつぎの関係がある．

$$\tilde{G}_{cl}(\tilde{s}) = G_{cl}(s), \quad \tilde{s} = s + k \tag{3.61}$$

よって伝達関数 $\tilde{G}_{cl}(\tilde{s})$ の極を $\tilde{s} = \tilde{\lambda}$ と表すと，$s = \tilde{\lambda} - k$ が伝達関数 $G_{cl}(s)$ の極になる．いい換えれば $\tilde{G}_{cl}(\tilde{s})$ の極の実部が負であれば，$G_{cl}(s)$ の極の実部は $-k$ より小さくなる．

以上のことから，**定理 3.1** により構成した閉ループ系の指数安定度は，k 以上になることが示された． △

よって**定理 3.1** の結果を，制御系設計の中で入力むだ時間系に適用する場合には，制御対象を $G(s) = C(sI - A)Be^{-sL}$ として補助系を考えればよい．

3.3 最適レギュレータ

むだ時間系 Σ に対してつぎのような評価関数

$$J = \int_0^\infty \{x^T(t)Qx(t) + u^T(t)Ru(t)\}dt, \quad Q > 0, R > 0 \tag{3.62}$$

を導入して，この値を最小にする制御則の構成を考える．このような制御問題は，一般に**最適レギュレータ問題**と呼ばれ，また線形 2 次形式 (linear quadratic) の評価を最小にするので，**LQ 制御**と呼ぶこともある．評価関数の式 (3.62) のうちパラメータ Q, R は重み行列と呼ばれ，状態と入力が適当な均衡を保ちながら収束するよう設計者が定める仕様である．そしてこれらの仕様と閉ループ系の間には，つぎのような基本的な関係のあることが知られている．

1. 評価関数の式 (3.62) の値が有界ならば，得られた閉ループ系は安定である．

2. 重み行列 Q を R に対して相対的に大きく選べば，状態の収束は速くなり，必要な制御入力は大きな値になる．逆に行列 Q を R に対して相対的に小さく選べば，状態の収束は緩慢になり，制御入力は小さくなる．

本節では，入力むだ時間系の LQ 制御が状態予測制御に基づいて構成できることを明らかにする．

むだ時間系 Σ (式 (3.1)) に対して，評価関数の式 (3.62) を最小にする制御則

を考える。評価関数の式 (3.62) はつぎのように,二つの項 J_1, J_2 に分けて考えることができる。

$$J = J_1 + J_2$$
$$J_1 := \int_0^L x^T(t)Qx(t)\,dt \tag{3.63}$$
$$x(t) = e^{At}x(0) + \int_0^t e^{A(t-\tau)}Bu(\tau - L)\,d\tau, \qquad 0 \leq t \leq L$$
$$J_2 := \int_L^\infty x^T(t)Qx(t)dt + \int_0^\infty u^T(t)Ru(t)\,dt \tag{3.64}$$

ここで,J_1 は集中定数部分の初期状態 $x(0)$ と過去の入力 $u(\tau)$ ($-L \leq \tau < 0$) によりすでに決定されている値であり,J_2 は今後の制御入力 $u(\cdot)$ に依存する部分である。よってむだ時間系の LQ 制御問題は,本質的には J_2 を最小にする制御を求める問題である。

状態と入力 $x(t)$, $u(t+\tau)$ ($-L \leq \tau < 0$) から定義される補助変数

$$p(t) := x(t) + \int_{-L}^0 e^{-A(\beta+L)}Bu(t+\beta)\,d\beta \tag{3.65}$$

を導入しよう。ここで変数 $p(t)$ を用いると,L 秒後の状態 $x(t+L)$ が

$$x(t+L) = e^{AL}x(t) + \int_{-L}^0 e^{-A\beta}Bu(t+\beta)\,d\beta = e^{AL}p(t) \tag{3.66}$$

と表せることに注意する (式 (3.5) 参照)。また変数 $p(t)$ の時間微分を計算すると,式 (3.6), (3.7) と同様に集中定数系がつぎのように求められる。

$$\Sigma^{fic}: \quad \dot{p}(t) = Ap(t) + \tilde{B}u(t), \qquad \tilde{B} = e^{-AL}B \tag{3.67}$$

一方,式 (3.64) は

$$J_2 = \int_0^\infty \{p^T(t)\tilde{Q}p(t) + u^T(t)Ru(t)\}\,dt, \qquad \tilde{Q} = e^{A^T L}Qe^{AL}$$

と書き換えられるから,系 Σ^{fic} (式 (3.67)) の J_2 に対する最適制御則を $u(t) = Kp(t)$ とすれば,系 Σ の最適制御則が

$$u(t) = K\left\{x(t) + \int_{-L}^0 e^{-A(\beta+L)}Bu(t+\beta)\,d\beta\right\} \tag{3.68}$$

と与えられる。

ゲイン K と評価関数の式 (3.62) の最小値はつぎのように求められる。ゲイン K を求める問題は、仮想的な集中定数系 Σ^{fic} (式 (3.8)) に対して評価関数 J_2 を最小にする最適レギュレータ問題になる。よって **Riccati (リカッチ) 方程式**

$$MA + A^T M - M\tilde{B}R^{-1}\tilde{B}^T M + \tilde{Q} = 0 \tag{3.69}$$

の正定解 $M > 0$ を用いて、ゲイン K は

$$K = -R^{-1}\tilde{B}^T M \tag{3.70}$$

と定めればよい。このとき J_2 の最小値を J_2^{opt} と表せば、それは

$$J_2^{\text{opt}} = p^T(0) M p(0) \tag{3.71}$$

となる。一方 J_1 の値は制御則に無関係なので、むだ時間系 Σ に対して定めた評価関数の式 (3.62) の最小値 J^{opt} は

$$\begin{aligned} J^{\text{opt}} &= J_1 + J_2^{\text{opt}} \\ &= \int_0^L x^T(t) Q x(t)\, dt + p^T(0) M p(0) \end{aligned} \tag{3.72}$$

と求められる。式 (3.72) の評価は、時刻 $0 \leq t \leq L$ の状態 $x(t)$ により、間接的に表されているが、つぎの関係があるので初期状態 $(x(0), u(\tau))$ $(-L \leq \tau < 0)$ だけに依存している。

$$x(t) = e^{At} x(0) + \int_0^t e^{A(t-\tau)} B u(\tau - L)\, d\tau, \quad 0 \leq t \leq L \tag{3.73}$$

最後に、ゲイン K を式 (3.70) で定めた制御則の式 (3.68) と、入力むだ時間

┌──コーヒーブレイク──┐

Riccati 方程式は、最適レギュレータ、フィルタ (オブザーバ) の構成、H^∞ 制御問題など、代表的な制御問題を解くときに現れる多彩な性質を持った方程式である。この方程式の解は、ある行列の固有値・固有ベクトルを求めることにより、数値的にも精度よく解けることが知られている。本章では、最適レギュレータ問題、H^∞ 制御問題の視点から Riccati 方程式を扱っていくが、他の代表的な制御問題との関係、解法のアルゴリズムは、例えば、文献[23],[25],[26] が参考になる。

がない系 ($L=0$) に対して得られる最適制御則の関係を整理する。$L=0$ とした系

$$\dot{x}(t) = Ax(t) + Bu(t) \tag{3.74}$$

に対して，同じ評価関数の式 (3.62) を最小にする制御則は，Riccati 方程式

$$PA + A^T P - PBR^{-1}B^T P + Q = 0 \tag{3.75}$$

の正定解 $P > 0$ を用いて

$$u(t) = -R^{-1}B^T Px(t) \tag{3.76}$$

と求められる。Riccati 方程式 (3.75) は，式 (3.69) と密接に関係しており，正定解の間につぎの関係がある。

$$M = e^{A^T L} P e^{AL} \tag{3.77}$$

そこで式 (3.68) に定めた行列を

$$K = -R^{-1}\tilde{B}^T M = -R^{-1}B^T P e^{AL} \tag{3.78}$$

と書き換えると，制御則の式 (3.68) は

$$u(t) = -R^{-1}B^T P \left\{ e^{AL}x(t) + \int_{-L}^{0} e^{-A\beta}Bu(t+\beta)\,d\beta \right\} \tag{3.79}$$

とも表せる。ここで式 (3.79) 右辺の計算は $x(t+L)$ の値を求める部分であり，その値に基づいて集中定数系と同じゲインで制御入力が計算されている。

すなわち，1. 状態 $x(t+L)$ を計算し，2. その時刻に必要な入力をむだ時間要素に与える，という予測制御が制御則に埋め込まれていることがわかる。

3.4 サーボ系の構成

入力にむだ時間を含む制御対象

$$\Sigma_p: \quad \dot{x}_p(t) = A_p x_p(t) + B_p u(t-L) \tag{3.80}$$

$$y(t) = C_p x_p(t)$$

に対して，出力 $y(t)$ をステップ目標入力 $r(t) = \begin{cases} 0, & t < 0 \\ r_0, & t \geq 0 \end{cases}$ に定常偏差なしで追従させるサーボ問題を考えよう。ここで $u(t) \in R^m$, $y(t) \in R^m$ は制

御対象の入力,出力であり,同一のチャネル数 m を持っているとする.また (A_p, B_p) は可制御,(C_p, A_p) は可観測であり,つぎの条件が成り立つとする.

$$\mathrm{rank} \begin{bmatrix} A_p & B_p \\ C_p & 0 \end{bmatrix} = n + m \tag{3.81}$$

本節では,系 Σ_p に予測制御を施すことにより,目標値に定常偏差なしで追従する制御系 (サーボ系) の構成法を明らかにする.

3.4.1 サーボ系の基本的な考え方

はじめに,**図 3.5** に表される**サーボ系**を考える.ここで $\frac{1}{s} \cdot I$ は内部モデルと呼ばれ,目標値 r と出力 $y(t)$ が一致するまで,補償入力を与えつづける働きをする.$G_c(s)$ は入出力がそれぞれ m 次の伝達関数であり,系全体は内部安定であるとする[†].

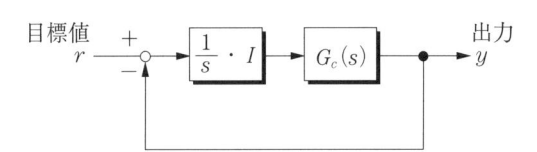

図 3.5 サーボ系の基本構成

このとき r から e までの伝達関数は

$$\left(I + \frac{1}{s} \cdot G_c(s) \right)^{-1} = s \left(sI + G_c(s) \right)^{-1} \tag{3.82}$$

となるから,ステップ入力 r_0 に対する e の変化は,最終値定理により

$$\lim_{t \to \infty} e(t) = \lim_{s \to 0} s \left(sI + G_c(s) \right)^{-1} \cdot \frac{r_o}{s} \cdot s = 0 \tag{3.83}$$

と計算される[††].よって,制御系に**図 3.5** のような構造を持たせることができれば,G_c の内容に関係なく,定常偏差の生じない制御系が構成できる.また,

---

[†] **図 3.5** に対応する系を状態方程式で表したとき,安定になることを意味する.伝達関数で表す制御系に隠れた不安定モードが入らないようにこの仮定を設けている.

[††] $\lim_{t \to \infty} e(t)$ が一定値に収束するとき,その値は $e(t)$ のラプラス変換 $E(s)$ を用いて $\lim_{s \to 0} s \cdot E(s)$ と求めることができる.

$G_c(s)$ の部分が $\tilde{G}_c(s)$ に変動したとしても,系全体の安定性に影響がなければ,定常偏差のない追従特性が維持できることもわかる。

以下の項では,むだ時間系 Σ_p に対し,状態予測制御を用いたサーボ系の構成法を説明する。

3.4.2 サーボ系の構成:状態フィードバックの場合

入力にむだ時間を含む制御対象 Σ_p に対して制御則 $K(s)$ を求め,図 **3.6** の制御系全体を安定化する。ここで $K(s)$ は,状態 $x_p(t)$ と積分器の出力 $x_i(t)$ に基づいて制御入力 $u(t)$ を与える要素であり,系全体の構成は図 **3.5** と同じである。したがって,制御則 $K(s)$ により系全体を安定化できれば,ステップ入力に対して定常偏差 0 で追従するサーボ系が構成できる。

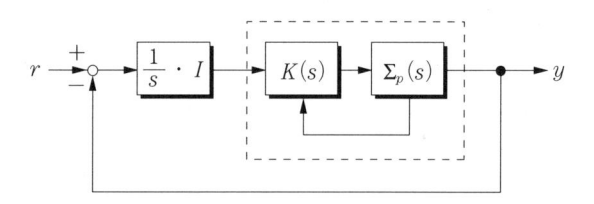

図 3.6 サーボ系の構成:状態フィードバックの場合

以下では,Σ_p と積分器 $\frac{1}{s} \cdot I$ を併せた系 (拡大系) の記述を整理して,つぎに拡大系を安定化する制御則 $K(s)$ を状態予測制御により構成する。

図 **3.6** において,積分器 $\frac{1}{s} \cdot I$ を

$$\Sigma_i : \quad \dot{x}_i(t) = r(t) - y(t), \qquad x_i(t) \in R^m \tag{3.84}$$

と表すと,Σ_p, Σ_i を結合させた拡大系はつぎのように与えられる。

$$\Sigma_{aug} : \quad \dot{x}(t) = Ax(t) + Bu(t-L) + Dr(t) \tag{3.85}$$

$$y(t) = Cx(t)$$

$$x(t) := \begin{bmatrix} x_p(t) \\ x_i(t) \end{bmatrix},$$

$$A := \begin{bmatrix} A_p & 0 \\ -C_p & 0 \end{bmatrix}, \ B := \begin{bmatrix} B_p \\ 0 \end{bmatrix},$$

$$D := \begin{bmatrix} 0 \\ I \end{bmatrix}, \ C := \begin{bmatrix} C_p & 0 \end{bmatrix}$$

そこで拡大系 Σ_{aug} に状態予測制御を適用することにより，$x_p(t)$ と $x_i(t)$ に基づく制御則 $K(s)$ を求める．はじめに，拡大系 Σ_{aug} の可制御性を確認する．任意の複素数 s に対して

$$\mathrm{rank}[\,sI - A \ \ B\,] = n + m \tag{3.86}$$

となることは，つぎのように調べられる．

$s \neq 0$ のとき

$$\begin{aligned}
\mathrm{rank}[\,sI - A \ \ B\,] &= \mathrm{rank}\begin{bmatrix} sI - A_p & 0 & B_p \\ C_p & sI & 0 \end{bmatrix} \\
&= \mathrm{rank}\begin{bmatrix} sI - A_p & B_p & 0 \\ C_p & 0 & sI \end{bmatrix} \\
&= \mathrm{rank}\begin{bmatrix} sI - A_p & B_p \end{bmatrix} + m
\end{aligned} \tag{3.87}$$

となるから，(A_p, B_p) が可制御であること ($\mathrm{rank}[\,sI - A_p \ \ B_p\,] = n$) を用いると，式 (3.86) が成り立つ．また $s = 0$ のときには，式 (3.87) 左辺の変形から

$$\begin{aligned}
\mathrm{rank}[\,sI - A \ \ B\,] &= \mathrm{rank}\begin{bmatrix} -A_p & 0 & B_p \\ C_p & 0 & 0 \end{bmatrix} \\
&= \mathrm{rank}\begin{bmatrix} A_p & B_p \\ C_p & 0 \end{bmatrix} = n + m
\end{aligned} \tag{3.88}$$

が示される．よって，制御対象 Σ_p が可制御ならば，拡大系 Σ_{aug} はつねに可制御になることがわかった．

つぎに，拡大系 Σ_{aug} に状態予測制御を適用し，**図 3.6** のサーボ系を安定にする制御則 $K(s)$ を求めよう．3.1 節の結果を適用すると，拡大系 Σ_{aug} を安

定にする状態予測制御則がつぎのように与えられる．

$$u(t) = K\left\{x(t) + \int_{-L}^{0} e^{-A(\beta+L)} Bu(t+\beta)\,d\beta\right\} \quad (3.89)$$

ここで K は，$A+e^{-AL}BK$ が安定になるように与える行列であり，$A+e^{-AL}BK$ の固有値は，サーボ系（図3.6）の極になる．したがって，行列 $A+e^{-AL}BK$ の固有値の分布を調節すれば，制御系の速応性が調節できる．

状態 $x(t)$ を積分器の状態 $x_i(t)$ と制御対象の状態 $x_p(t)$ に分け，行列 K を $K=[K_p\ K_i]$ と表すと，制御則の式 (3.89) はつぎのように表される．

$$u(t) = K_i x_i(t) + K_p x_p(t) + K\int_{-L}^{0} e^{-A(\beta+L)}Bu(t+\beta)\,d\beta \quad (3.90)$$

式 (3.90) の表現から，拡大系 Σ_{aug} と制御則の式 (3.90) から構成されるサーボ系（図3.6）は，内部安定であり，図3.5 の基本構成に一致する．よって，むだ時間を含む系に対しても，状態予測制御によりサーボ系が構成できることがわかる．

3.4.3　サーボ系の構成：オブザーバを用いる場合

制御対象の状態 $x_p(t)$ が直接観測できない場合，Σ_p に並列にオブザーバを導入し，オブザーバの推定値 $\hat{x}_p(t)$ を用いながらサーボ系を構成する方法が考えられる．本項では，図3.7 のオブザーバを用いたサーボ系の構成を考える．

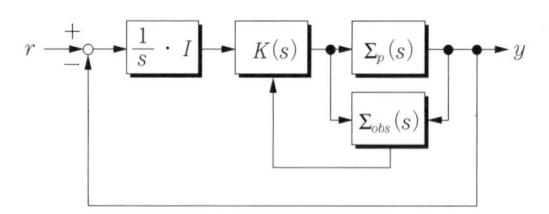

図 3.7　サーボ系の構成：オブザーバを用いる場合

制御対象 Σ_p に対して，状態 $x_p(t)$ の推定のために，同一次元オブザーバ

$$\Sigma_{obs}: \quad \dot{\hat{x}}_p(t) = A_p \hat{x}_p(t) + B_p u(t-L) + L_p(y(t) - C_p \hat{x}_p(t)) \quad (3.91)$$

を用いて，サーボ系を構成する問題を考える．ここで $\hat{x}_p(t)$ は状態 $x_p(t)$ の推定値であり，オブザーバゲイン L_p は $A_p - L_p C_p$ が安定になるように与えた行列である．

Σ_p と Σ_{obs} を併合した系は，状態を $\hat{x}_p(t)$ と $e_p(t) := x_p(t) - \hat{x}_p(t)$ により表すと

$$\dot{\hat{x}}_p(t) = A_p \hat{x}_p(t) + B_p u(t-L) + L_p C_p e_p(t) \tag{3.92}$$
$$\dot{e}_p(t) = (A_p - L_p C_p) e_p(t)$$

となる．そこでさらに，積分器の式 (3.84) を結合させると，制御則 $K(s)$ 以外の部分からなる拡大系 Σ_{aug} は，つぎのようにまとめられる．

$$\Sigma_{aug}: \quad \dot{\hat{x}}(t) = A\hat{x}(t) + Bu(t-L) + Dr(t) + \begin{bmatrix} L_p C_p \\ 0 \end{bmatrix} e_p(t) \tag{3.93}$$
$$y(t) = C\hat{x}(t) + C_p e_p(t)$$
$$\dot{e}_p(t) = (A_p - L_p C_p) e_p(t) \tag{3.94}$$
$$\hat{x}(t) := \begin{bmatrix} \hat{x}_p(t) \\ x_i(t) \end{bmatrix} \tag{3.95}$$

ここで，A, B, C, D は式 (3.85) で定めた行列である．したがって，状態フィードバックの場合 (式 (3.85)) と比較すると，オブザーバを用いる場合，状態の推定誤差 $e_p(t)$ に関係する動作が拡大系に余計に含まれ，$e_p(t) = 0$ とみなすと，同一の状態方程式になることがわかる．

最後に，状態推定値 $\hat{x}_p(t)$ に基づく状態予測制御を適用すると，定常偏差が 0 になるサーボ系が構成できることを確認しよう．

系の式 (3.94) に対して，状態予測制御を

$$u(t) = K \left\{ \hat{x}(t) + \int_{-L}^{0} e^{-A(\beta+L)} Bu(t+\beta) \, d\beta \right\} \tag{3.96}$$

$K: A + e^{-AL} BK$ を安定にする行列

のように施すと，図 **3.7** 全体はつぎのように表される．

$$\dot{e}_p(t) = (A_p - L_p C_p) e_p(t) \tag{3.97}$$

$$\dot{\hat{x}}(t) = A\hat{x}(t) + Bu(t-L) + Dr(t) + \begin{bmatrix} L_p C_p \\ 0 \end{bmatrix} e_p(t) \tag{3.98}$$

$$u(t) = K \left\{ \hat{x}(t) + \int_{-L}^{0} e^{-A(\beta+L)} Bu(t+\beta)\, d\beta \right\} \tag{3.99}$$

よってオブザーバを用いる場合，サーボ系全体は状態フィードバックの場合と同じ構造を持つ部分 (式 (3.98), (3.99)) と，安定なシステムの式 (3.97) の結合により表されるので，系全体は内部安定である．

また，サーボ系の構成 (図 **3.7**) 全体は，基本構成 (図 **3.5**) の構造になるから，系全体が安定であれば，定常偏差 0 のサーボ系が構成できる．

3.5 H^∞ 制御

H^∞ **制御法**とは，H^∞ ノルムと呼ばれる評価基準を抑制するように制御則を設計する方法であり，後に述べるロバスト制御に有力な解決法を与える．本節では，入力むだ時間系の H^∞ 制御問題を調べ，ロバスト制御問題の解法を明らかにする．以下では，H^∞ 制御すべての解法を明らかにするのではなく，基本問題とロバスト安定化との関係を中心に説明する．

3.5.1 H^∞ ノルム

はじめに H^∞ **ノルム**の考え方を説明しよう．H^∞ ノルムとは，安定で因果的 (プロパ) な伝達関数に対して定められた量であり，伝達関数を $G(s)$ と表すと

$$\|G\|_\infty := \sup_{s:\mathrm{Re}(s)>0} \sigma(G(s)) = \max_{\omega \in R} \sigma(G(j\omega)) \tag{3.100}$$

と定義される．ここで $\sigma(M)$ は行列 M の最大特異値であり，その値は行列 M^*M の最大固有値を用いて

$$\sigma(M) := \sqrt{\lambda_{\max}(M^*M)} \tag{3.101}$$

と与えられる。また定義の第2式と3式の関係は，1.伝達関数 $G(s)$ がプロパであること，2. $G(s)$ は安定であるから領域 $s: \mathrm{Re}(s) \geqq 0$ には極を持たないことから導かれる†。

M がスカラーのとき，最大特異値は絶対値に一致するから，特に1入力1出力系の伝達関数 $g(s)$ を考えるとわかりやすい。$g(s)$ がスカラーのとき式 (3.100) はつぎのように表せる。

$$\|g\|_\infty := \max_{\omega \in R} |g(j\omega)| \tag{3.102}$$

すなわち H^∞ ノルムとは，安定なシステムの最大ゲインを一般化した量である。

例題 3.2 つぎの伝達関数の H^∞ ノルムを計算してみよう。

$$G(s) = \frac{K}{Ts+1} e^{-sL}, \qquad T > 0, \ K > 0, \ L > 0 \tag{3.103}$$

これは1次遅れの安定な系にむだ時間要素が付加されたものであり，H^∞ ノルムは直接計算できる。$G(jw)$ の最大特異値の計算に注意すると

$$\begin{aligned}
\sigma(G(j\omega)) &= \sqrt{G(j\omega)G(-j\omega)} \\
&= \sqrt{\frac{K}{j\omega T + 1} e^{-j\omega L} \frac{K}{-j\omega T + 1} e^{j\omega L}} \\
&= \left| \frac{K}{j\omega T + 1} \right|
\end{aligned} \tag{3.104}$$

となる。よって1次遅れ系のゲイン K が H^∞ ノルムの値である。

また $T = 0$，$K = 1$ の場合を考えると，$\|e^{-sL}\|_\infty = 1$ であることが確認できる。

つぎに，H^∞ ノルムの性質を時間領域で説明する。H^∞ ノルムの定義に用いた文字 G によって，伝達関数が $G(s)$ になるシステムを表すことにし，入力を $u(t)$，出力を $y(t)$ とする。

---

† H^∞ 制御の詳細については，例えば，文献23),24),27) が参考になる。本節では必要な基礎事項だけ述べる。

時間区間 $[0\,\infty)$ で定義された入力信号 u のうち，特につぎの条件を満たすものを，$u \in L_2$ と書くことにする．

$$\int_0^\infty \|u(t)\|^2\, dt < \infty \tag{3.105}$$

さらに $u \in L_2$ となる信号に対して，ノルムを

$$\|u\|_{L_2} := \left(\int_0^\infty \|u(t)\|^2\, dt\right)^{1/2} \tag{3.106}$$

と定めて，これを L_2 ノルムと呼ぶ．

システム G は安定なので，初期状態を 0 として入力 $u \in L_2$ を印加すると出力 y も発散することはなく，式 (3.105) を満たす応答になる．すなわち入力 $u \in L_2$ に対して，時間応答も $y \in L_2$ である．そしてシステム G の H^∞ ノルムは，この入出力信号の L_2 ノルムによりつぎのように与えられる．

$$\|G\|_\infty = \sup_{u \neq 0, u \in L_2} \frac{\|y\|_{L_2}}{\|u\|_{L_2}} \tag{3.107}$$

したがって $\|G\|_\infty < \gamma$ であるとき，初期状態を 0 として入力 $u \in L_2\ (u \neq 0)$ を与えると，必ず

$$\|y\|_{L_2} < \gamma \cdot \|u\|_{L_2} \tag{3.108}$$

が成り立つことを示している．

3.5.2　H^∞ 制御問題

H^∞ ノルムを設計指標とする H^∞ 制御問題は，図 **3.8** のような**一般化プラント**に対して定められる．ここで，$w(t)$ は外乱であり，$u(t)$ は制御入力である．また $z(t)$，$y(t)$ は被制御量と観測量であり，$y(t)$ は制御則の計算に用いら

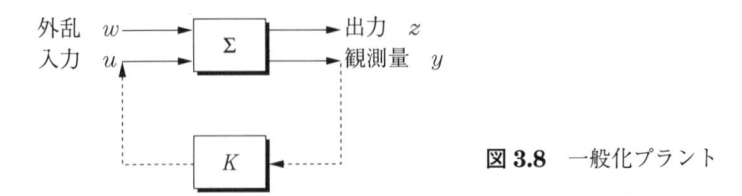

図 **3.8**　一般化プラント

れる量である。

そして H^∞ 制御の目的は，つぎの問題を解くことである。

H^∞ 制御問題：図 **3.8** において，つぎの二つの条件を満足する制御則 K を構成せよ。

(**C1**) Σ と K から構成した閉ループ系は内部安定である。

(**C2**) 閉ループ系 Σ_{zw} において，$w \sim z$ 間の H^∞ ノルムは γ 未満である。ここで $\gamma > 0$ は，設計時に定めるパラメータである。

本項では，3.1～3.3 節で調べた予測制御の考え方を利用して，一般化プラント Σ に入力むだ時間が存在する場合について，H^∞ 制御問題の解法を述べる。入力にむだ時間が含まれる場合，H^∞ 制御の解法はかなり複雑であるが，工学的に重要ないくつかのロバスト安定化問題は，予測制御の考え方により解決することができる。

入力にむだ時間 $L > 0$ を含む一般化プラントを，つぎのように表す。

$$\Sigma : \dot{x}(t) = Ax(t) + Dw(t) + Bu(t-L) \tag{3.109}$$

$$z(t) = Fx(t) \quad\quad\quad + F_0 u(t)$$

$$y(t) = Cx(t) + D_0 w(t)$$

$$x(t) \in R^n, w(t) \in R^{m_1}, u(t) \in R^{m_2}$$

$$z(t) \in R^{p_1}, y(t) \in R^{p_2}$$

ここで，x，u，y は状態，制御入力，観測量であり，w，z は外乱，出力である。A，B，C，D，D_0 および F，F_0 は適当な次元の定数行列であり，つぎの仮定を設ける。

(**H1**) (C, A) は可検出，(A, B) は可安定である。

(**H2**) $\mathrm{rank}\, F_0 = m_2$, $\mathrm{rank}\, D_0 = p_2$

(**H3**) $\mathrm{rank} \begin{bmatrix} A - j\omega I & B \\ F & F_0 \end{bmatrix} = n + m_2,$

$$\mathrm{rank}\begin{bmatrix} A - j\omega I & D \\ C & D_0 \end{bmatrix} = n + p_2, \qquad \forall \omega \in R$$

仮定 (H1)〜(H3) は,通常の H^∞ 制御問題に対して,標準的に設けられている仮定である.また,むだ時間系 Σ の H^∞ 制御問題に対して,つぎの条件を加える.

(D)　　$FA^iB = 0, \qquad i = 0, 1, 2, \cdots$

条件 (D) は,H^∞ 制御則が予測制御により構成できる条件であり,扱う問題を制限している.しかしながら,後に述べるロバスト安定化問題 (3.6 節) は,条件 (D) を満たす H^∞ 制御問題の中で扱うことができる.

3.5.3 状態予測を用いた H^∞ 制御

一般化プラント Σ に対して条件 (H1)〜(H3), (D) を設けると,むだ時間系の H^∞ は集中定数系の場合と同様に考えることができる.はじめに,むだ時間系の H^∞ 制御問題と集中定数系の H^∞ 制御問題を結びつける結果を説明しよう.

【定理 3.2】 系 Σ に対し,仮定 (H1)〜(H3),条件 (D) が成り立つとする.このとき (C1), (C2) を満たす H^∞ 制御が存在するための必要十分条件は,つぎの集中定数系 $\tilde{\Sigma}$ に H^∞ 制御が存在することである.

$$\begin{aligned}
\tilde{\Sigma}: \quad \dot{q}(t) &= Aq(t) + Dw(t) + \tilde{B}u(t) \\
z(t) &= Fq(t) \qquad\qquad + F_0 u(t) \\
\tilde{y}(t) &= Cq(t) + D_0 w(t), \qquad \tilde{B} := e^{-AL} B
\end{aligned} \qquad (3.110)$$

さらに,$\tilde{\Sigma}$ に対して構成した H^∞ 制御則を,$u = \tilde{\Gamma}\tilde{y}$ とすれば,むだ時間系 Σ に対しては,$\tilde{y}(t)$ を $y(t) + C\int_{-L}^{0} e^{-A(\beta+L)} Bu(t+\beta)\,d\beta$ と置き換えたものが,求める H^∞ 制御則になる.

3.5　H^∞　制御　　73

証明　系 Σ, $\tilde{\Sigma}$ の一方に H^∞ 制御が存在するとき，他方にもそれが存在することを示す．

いま，むだ時間系 Σ に H^∞ 制御 $u = \Gamma(y)$ が存在すると仮定する．ここで $\Gamma(y)$ は y に因果的な線形作用素である．このとき系 Σ に変換

$$q(t) := x(t) + \int_{-L}^{0} e^{-A(\beta+L)} Bu(t+\beta)\,d\beta \tag{3.111}$$

$$\tilde{y}(t) := y(t) + C\int_{-L}^{0} e^{-A(\beta+L)} Bu(t+\beta)\,d\beta \tag{3.112}$$

を施すと，条件 (D) より

$$F\int_{-L}^{0} e^{-A(\beta+L)} Bu(t+\beta)\,d\beta = 0$$

となるので，むだ時間系 Σ は集中定数系 $\tilde{\Sigma}$ に変換される．また対応する制御則は

$$u(t) := \left[\Gamma\left(\tilde{y} - C\int_{-L}^{0} e^{-A(\beta+L)} Bu(\cdot+\beta)\,d\beta\right)\right](t) \tag{3.113}$$

となり，$\tilde{y}$ に因果的である．よって，系 $\tilde{\Sigma}$ に H^∞ 制御が存在することが示された．

逆に系 $\tilde{\Sigma}$ に H^∞ 制御 $u = \tilde{\Gamma}(\tilde{y})$ が存在すると仮定すると，変換の式 (3.112) により系 Σ の H^∞ 制御が

　　　　　コーヒーブレイク

むだ時間系の H^∞ 制御

3.5.2項で設けた条件 (D) は，むだ時間系の H^∞ 制御問題を簡単に解く一つの工夫だが，入力むだ時間系に対する H^∞ 制御問題の解法は，かなり一般的な場合まで明らかにされている．(D) が満たされない場合にも，(H1)～(H3) とつぎの直交条件と呼ばれる前提のもとで解法が明らかにされ，混合感度問題など代表的な設計問題を扱うことができる．

$$F_0^T[F\,F_0] = [0\ I], \quad \begin{bmatrix} D \\ D_0 \end{bmatrix} D_0^T = \begin{bmatrix} 0 \\ I \end{bmatrix}$$

しかしながら，一般的なむだ時間系に対して統一的な解法は明らかでなく，現在も制御法の開発が進められている．

$$u(t) := \left[\tilde{\Gamma}\left(y + C\int_{-L}^{0} e^{-A(\beta+L)} Bu(\cdot + \beta)\, d\beta\right)\right](t) \quad (3.114)$$

と与えられる。 △

定理 3.2 から H^∞ 制御則を求める場合には，対応する集中定数系 $\tilde{\Sigma}$ の可解性を調べ，制御則は式 (3.114) のように構成すればよい。つぎに**定理 3.2** に現れた集中定数系 $\tilde{\Sigma}$ に対して，H^∞ 制御の可解条件と制御則を与えておこう (文献23),27) など)。

【**定理 3.3**】 一般化プラントの式 (3.111) を考える。このとき $\tilde{\Sigma}$ に対して，条件 (C1), (C2) を満たす H^∞ 制御が存在する必要十分条件は，つぎの 1.～3. が成り立つことである。

1. Riccati 方程式

$$M(A - \tilde{B}(F_0^T F_0)^{-1} F_0^T F) + (A - \tilde{B}(F_0^T F_0)^{-1} F_0^T F)^T M$$
$$- M\tilde{B}(F_0^T F_0)^{-1} \tilde{B}^T M + \frac{1}{\gamma^2} M D D^T M$$
$$+ F^T F - F^T F_0 (F_0^T F_0)^{-1} F_0^T F = 0 \quad (3.115)$$

に半正定解 $M \geqq 0$ が存在し，行列 $A - B(F_0^T F_0)^{-1} F_0^T F - \tilde{B}(F_0^T F_0)^{-1} \tilde{B}^T M + \frac{1}{\gamma^2} D D^T M$ は安定である。

2. Riccati 方程式

$$(A - DD_0^T (D_0 D_0^T)^{-1} C)P + P(A - DD_0^T (D_0 D_0^T)^{-1} C)^T$$
$$- PC^T (D_0 D_0^T)^{-1} CP + \frac{1}{\gamma^2} P F^T F P$$
$$+ DD^T - DD_0^T (D_0 D_0^T)^{-1} D_0 D^T = 0 \quad (3.116)$$

に半正定解 $P \geqq 0$ が存在し，行列 $A - DD_0^T(D_0D_0^T)^{-1}C - PC^T(D_0D_0^T)^{-1}C + \frac{1}{\gamma^2} P F^T F$ は安定である。

3. 1., 2. で得られた解 M, P に対して

$$\lambda_{\max}(PM) < \gamma^2 \quad (3.117)$$

が成り立つ。

また条件 1.～3. が成り立つとき，H^∞ 制御則の一つはつぎのように与え

られる。

$$u(t) = -(F_0^T F_0)^{-1}(\tilde{B}^T M + F_0^T F)(I - \frac{1}{\gamma^2}PM)^{-1}\hat{q}(t) \quad (3.118)$$

$$\dot{\hat{q}}(t) = A\hat{q}(t) + \tilde{B}u(t) + \frac{1}{\gamma^2}PF^T(F\hat{q}(t) + F_0 u(t))$$
$$+ (PC^T + DD_0^T)(D_0 D_0^T)^{-1}(\tilde{y}(t) - C\hat{q}(t)) \quad (3.119)$$

定理 3.2, **3.3** の結果から,むだ時間系 Σ に対する H^∞ 制御則の存在は,条件 1.～3. から調べられることがわかる。

3.6 ロバスト安定：加法的摂動と乗法的摂動

制御対象には,数式モデルとの違い,パラメータの変化など,無視できない違いが生じることが多く,制御系設計においては,これらの変動に対してなお,安定性を保持する制御則を求めることが望まれる。**ロバスト安定化問題**とは,制御対象に生じるかもしれない変動をあらかじめ考慮し,系全体の安定性がそれらの変動により損なわれないような制御則を求める設計問題である。本節では,加法的摂動と乗法的摂動に対するロバスト安定化問題を扱うことにする。

以下では,制御系の H^∞ ノルムとロバスト安定性の関係を確認し,3.5 節の結果からロバスト安定化問題の解法を導く。

3.6.1 スモールゲイン定理

図 3.9 のように Δ と G を結合させて得られる系を考える。ここで Δ, G は

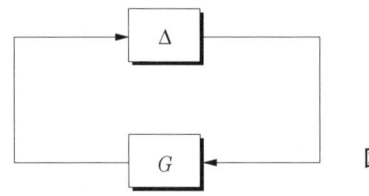

図 3.9 スモールゲイン定理

それぞれ線形時不変であり，伝達関数はそれぞれ $\Delta(s)$, $G(s)$ と表すことにする。このとき系全体の安定性に関して，つぎの**スモールゲイン定理**が成り立つ。

【定理 3.4】 スモールゲイン定理

システム Δ, G はそれぞれ内部安定で，それぞれの H^∞ ノルム $\|\Delta\|_\infty$, $\|G\|_\infty$ がつぎの不等式を満たしているとする。

$$\|\Delta\|_\infty \leq \delta, \quad \|G\|_\infty < \gamma, \quad \delta > 0, \gamma > 0 \tag{3.120}$$

このとき式 (3.120) を満たす範囲でどのような要素 Δ, G を選んでも，図 3.9 の結合系全体が安定である必要十分条件は

$$\delta = \frac{1}{\gamma} \tag{3.121}$$

となることである。

定理 3.4 の意味を整理しよう。いま図 **3.9** の結合系で，G の H^∞ ノルムは設計者が変更できるが，Δ の H^∞ ノルムは不明で，なにが結合されるかわからない状況を考える。このとき結合系全体が安定になるよう努力するとしたら，設計者にできることは G の H^∞ ノルム γ をより小さくして，Δ に大きな H^∞ ノルムを許容できるようにすることである (式 (3.121))。

さらに G の部分が図 3.8 のような構造を持つとしたら，つぎのようにいい換えられる (**図 3.10**)。より小さな γ に対して，H^∞ 制御則 K を構成できるならば，H^∞ ノルムがより大きな Δ に対して，結合系を安定に保つことができ

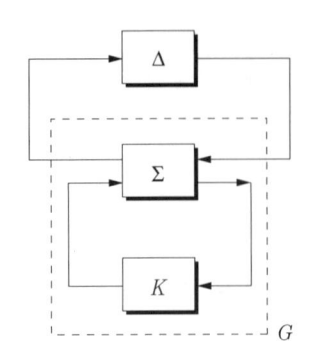

図 3.10　一般化プラントの結合図

3.6 ロバスト安定：加法的摂動と乗法的摂動

る。制御系に加わる具体的な変動を考慮したロバスト安定化問題を解くためには，想定した変動を Δ で表し，制御対象と制御系の構造，さらには変動の加わる位置を，一般化プラント Σ により適切に表すことが重要になる。

例題 3.3 安定でスカラーな伝達関数 $W(s)$ と $\|\Delta\|_\infty \leq 1$ を満たす伝達関数により，変動を $\tilde{\Delta}(s) = W(s)\Delta(s)$ と表した場合を考える (**図 3.11**)。このとき $W(s)\Delta(s)$ のゲインは

$$|W(j\omega)\Delta(j\omega)| \leq |W(j\omega)| \tag{3.122}$$

となるから，**図 3.11** の要素全体で，すべての周波数でゲインが $|W(j\omega)|$ 以下になる任意の伝達関数が表せる。例えば $W(s) = 1/(2s+1)$ とすれば，ゲイン線図は**図 3.12** のようになるから，低周波数のゲインを強調した変動要素が表現できる。

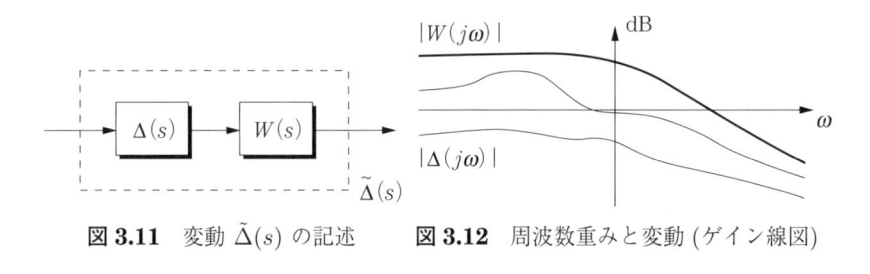

図 3.11 変動 $\tilde{\Delta}(s)$ の記述

図 3.12 周波数重みと変動 (ゲイン線図)

3.6.2 加法的摂動

図 3.13 のように，制御対象 G_P に摂動 Δ_a が並列に生じる場合を考えよう。伝達関数で表すと，このような変動は本来の制御対象 $G_P(s)$ が $G_P(s) + \Delta_a(s)$ に変化したことを表すので，**加法的摂動**と呼ばれる。

ここで注目している制御対象は，入力にむだ時間を含むプラントであり

$$G_P: \quad \dot{x}_p(t) = A_p x_p(t) + B_p u(t-L) \tag{3.123}$$
$$y(t) = C_p x_p(t), \quad L > 0$$

と表すことにする。またプラント G_P には，つぎの条件 (A1), (A2) を設ける。

図 3.13　加法的摂動

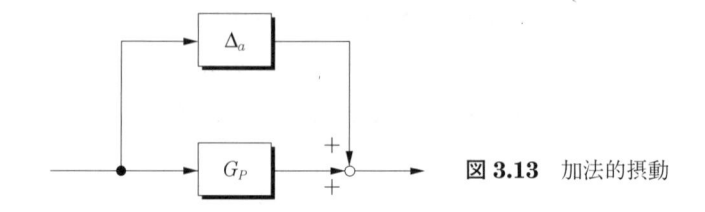

(**A1**)　(C_p, A_p) は可検出であり，(A_p, B_p) は可安定である．

(**A2**)　行列 A_p は虚軸上に固有値を持たない．

加法的摂動 Δ_a は安定であり，周波数特性が

$$\sigma(\Delta_a(j\omega)) \leq |r_a(j\omega)|, \quad \omega \in R \tag{3.124}$$

と与えられるものを考える．ここで $r_a(s)$ は周波数重みと呼ばれる安定な伝達関数であり，状態空間表現を

$$r_a: \quad \dot{x}_a(t) = A_a x_a(t) + B_a u_a(t) \tag{3.125}$$
$$y_a(t) = C_a x_a(t) + d_a u_a(t)$$

と定める．そして状態空間表現に用いるパラメータ $\{A_a, B_a, C_a, d_a \cdot I\}$ につぎの条件を設ける．

(**A3**)　(C_a, A_a, B_a) は可制御かつ可観測であり，行列 A_a は安定である．また $d_a \neq 0$ であり，伝達関数 $r_a(s)$ は不安定な零点を持たない．

伝達関数 $r_a(s)$ は，加法的摂動 Δ_a の周波数特性を表すために用いるものである．そして安定な伝達関数 $r_a(s)$ を分母・分子の次数差が 0 になるように選ぶと，$|r_a(j\omega)|$ の値がまったく等しくなる伝達関数を (A3) が満たされるようにつくることができる．

加法的摂動を記述した式 (3.124) は，直観的に図 **3.14** のようにとらえることができる．実線はプラント G_P のゲイン線図であり，破線はプラントのゲインを基準に $\pm|r_a(j\omega)|$ の幅を書き込んだものである．したがって，プラント G_P を加法的摂動 Δ_a に対してロバスト安定化することは，プラントのゲイン線図が図 **3.14** の幅の中で不確かであることを表したことになる．

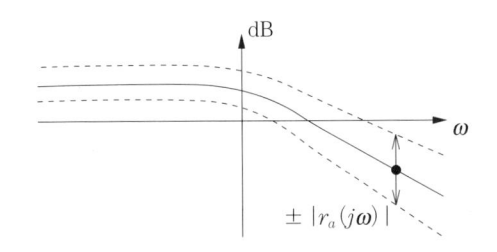

図 3.14 加法的摂動の考え方

3.6.3 加法的摂動に対するロバスト安定化

プラントに対して式 (3.124) で表された加法的摂動がどのように生じても，制御系 (図 3.15) が安定になるようなロバスト安定化則 K を構成する．式 (3.124) を満たす変動 $\Delta_a(s)$ は，例 3.3 と同様に

$$\Delta_a(s) = r_a(s)\Delta(s), \qquad \|\Delta\|_\infty \leq 1 \tag{3.126}$$

と表せるので，図 3.15 全体は図 3.16 のように考えられる．ここで，変動 Δ は $\|\Delta\|_\infty \leq 1$ と評価できるので，入力を w，出力を z とした下側全体 Σ_{zw} の H^∞ ノルムを 1 未満にする制御則 K が見つかれば，系全体はロバスト安定になる．したがって，加法的摂動に対するロバスト安定化問題は，図 3.16 (a) の Δ, K を除いたものから (b) 一般化プラントを定めて，$w \sim z$ 間の H^∞ ノルムを 1 未満にする H^∞ 制御則を求めればよい．

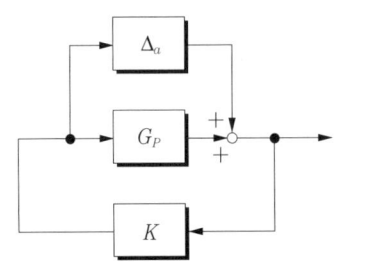

図 3.15 制 御 系

図 3.16 から，一般化プラントの状態方程式はつぎのように求められる．

$$\begin{aligned}
\Sigma_A: \quad \dot{x}(t) &= Ax(t) + Dw(t) + Bu(t-L) \\
z(t) &= u(t) \\
y(t) &= Cx(t) + D_0 w(t)
\end{aligned} \tag{3.127}$$

(a) 制御系と加法的摂動   (b) 一般化プラント

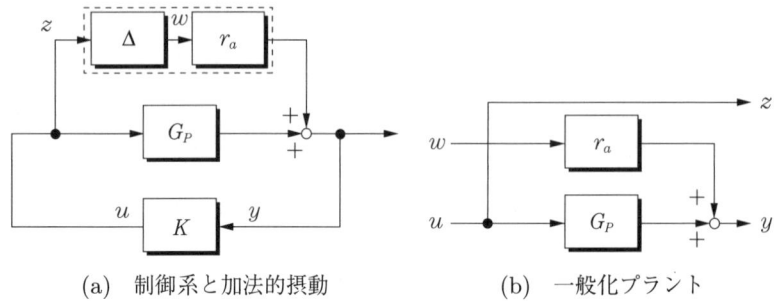

図 3.16 一般化プラントの導出

$$x := \begin{bmatrix} x_a \\ x_p \end{bmatrix}, \ A := \begin{bmatrix} A_a & 0 \\ 0 & A_p \end{bmatrix}, \ B := \begin{bmatrix} 0 \\ B_p \end{bmatrix},$$

$$D := \begin{bmatrix} B_a \\ 0 \end{bmatrix}, \ C := \begin{bmatrix} C_a & C_p \end{bmatrix}, \ D_0 := d_a \cdot I$$

ここで求めた一般化プラントは，制御対象 G_P と周波数重みの伝達関数 $r_a(s)$ が仮定 (A1)〜(A3) を満たしていると，3.5.2 項に定めた条件 (H1)〜(H3) を満たしている．また式 (3.109) に現れた行列 F は 0 となるから，条件 (D) も成り立つ．よって**定理 3.2** を適用すると，一般化プラント Σ_A に対する H^∞ 制御則が**定理 3.5** のように求められる．

【**定理 3.5**】 加法的摂動の式 (3.124) に対して，ロバスト安定化が可能である必要十分条件は，つぎの Riccati 方程式

$$MA + A^T M - M\tilde{B}\tilde{B}^T M + MDD^T M = 0, \ \tilde{B} = e^{-AL}B \tag{3.128}$$

$$(A - DD_0^T(D_0 D_0^T)^{-1}C)P + P(A - DD_0^T(D_0 D_0^T)^{-1}C)^T$$
$$- PC^T(D_0 D_0^T)^{-1} CP = 0 \tag{3.129}$$

が安定化解 $M \geqq 0, \ P \geqq 0$ を有し，さらに

$$\lambda_{\max}(PM) < 1 \tag{3.130}$$

が成り立つことである．ここで安定化解 $M \geqq 0, \ P \geqq 0$ とは，行列

3.6 ロバスト安定：加法的摂動と乗法的摂動

$A - \tilde{B}\tilde{B}^T M + DD^T M$, $(A - DD_0^T(D_0 D_0^T)^{-1} C) - PC^T(D_0 D_0^T)^{-1} C$ が漸近安定になる対称行列であり，式 (3.130) は行列 PM の固有値の最大値が 1 未満であることを表している．

またロバスト安定化則は，行列 S を

$$S := M(I - PM)^{-1}$$

と定めれば，つぎのように与えられる．

$$\begin{aligned}
u(t) &= -\tilde{B}^T S \left\{ \hat{x}(t) + \int_{-L}^{0} e^{-A(\beta+L)} Bu(t+\beta) \, d\beta \right\} \\
\dot{\hat{x}}(t) &= A\hat{x}(t) + Bu(t-L) \\
&\quad + (PC^T + DD_0^T)(D_0 D_0^T)^{-1}(y(t) - C\hat{x}(t))
\end{aligned} \tag{3.131}$$

証明 系 Σ_A は，等価な入出力を与えるつぎの集中定数系に変換される (**定理 3.2**)．

$$\begin{aligned}
\tilde{\Sigma}_A: \quad \dot{q}(t) &= Aq(t) + Dw(t) + \tilde{B}u(t-L) \\
z(t) &= u(t) \\
\tilde{y}(t) &= Cq(t) + D_0 w(t) \\
q(t) &:= x(t) + \int_{-L}^{0} e^{-A(\beta+L)} Bu(t+\beta) \, d\beta \\
\tilde{y}(t) &:= y(t) + C \int_{-L}^{0} e^{-A(\beta+L)} Bu(t+\beta) \, d\beta
\end{aligned} \tag{3.132}$$

そこで**定理 3.3** を用いれば，可解性は Riccati 方程式 (3.128)，(3.129) の解の存在条件，および解のスペクトル半径の条件の式 (3.130) により表される．

また，系 $\tilde{\Sigma}_A$ に対する H^∞ 制御則の一つは

$$\begin{aligned}
u(t) &= -\tilde{B}^T S \hat{q}(t) \\
\dot{\hat{q}}(t) &= A\hat{q}(t) + \tilde{B}u(t) + (PC^T + DD_0^T)(D_0 D_0^T)^{-1}(\tilde{y}(t) - C\hat{q}(t))
\end{aligned} \tag{3.133}$$

と与えられる．よって $\tilde{y}$ を式 (3.112) の定義で表し，変数

$$\hat{q}(t) := \hat{x}(t) + \int_{-L}^{0} e^{-A(\beta+L)} Bu(t+\beta) \, d\beta \tag{3.134}$$

を導入すれば，ロバスト安定化則，式 (3.131) が求められる． △

式 (3.131) で与えられた制御則は，状態予測制御と状態推定のためのオブザーバが結合した形であり，構造は 3.1 節で調べたものと同じである．ただし H^∞ ノルムを指標にして設計する場合，フィードバックゲイン，オブザーバゲインの計算法に違いが現れる．

つぎに簡単な例題を用いて，プラントのむだ時間とロバスト安定化の関係を紹介する．

例題 3.4 プラント Σ_P が
$$\Sigma_P(s) = \frac{1}{s-1} \cdot e^{-sL} \tag{3.135}$$
と与えられ，また加法的摂動の上界が $r_a(s) = d_a \ (d_a > 0)$ と定数で与えられた場合を考える．このとき一般化プラント式 (3.127) のパラメータは
$$A = 1, \ B = 1, \ C = 1, \ D = 0, \ D_0 = d_a, \ \tilde{B} = e^{-AL}B = e^{-L}$$
となるから，Riccati 方程式 (3.128) と式 (3.129) はそれぞれつぎのようになる．
$$2M - e^{-2L}M^2 = 0 \tag{3.136}$$
$$2P - d_a^{-2}P^2 = 0 \tag{3.137}$$
2 次方程式 (3.136), (3.137) の根のうち，$M = 2 \cdot e^{2L} > 0$, $P = 2 \cdot d_a^2 > 0$ はつねに安定化解になるから，摂動の上界 d_a が式 (3.130) の条件
$$\lambda_{\max}(PM) = 4e^{2L}d_a^2 < 1 \tag{3.138}$$
を満たすように与えられたときには，**定理 3.5** からロバスト安定化則が構成できる．式 (3.138) を
$$d_a < \frac{1}{2} \cdot e^{-L} \tag{3.139}$$
と書き換えてみると，プラントに含まれるむだ時間が大きな値になるほど，ロバスト安定化が可能な変動の範囲が少なくなることがわかる．

3.6.4 乗法的摂動

図 **3.17** のように，制御対象 $G_P(s) = \tilde{G}_P(s) \cdot e^{-sL}$ に摂動 Δ_m が生じる場合を考えよう．このような変動は，制御対象 $G_P(s)$ が $\tilde{G}_P(s)(I \cdot e^{-sL} + \Delta_m(s))$

図 3.17 乗法的摂動

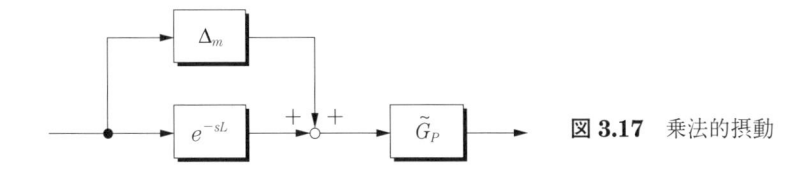

に変化したことを表すので，**乗法的摂動**と呼ばれる．制御対象は式 (3.123) で定め，p.78 の条件 (A1), (A2) が成り立つとする．

乗法的摂動 Δ_m は，安定な伝達関数を持つものを考え，その上界は適当な周波数重み $r_m(s)$ を用いて

$$\sigma(\Delta_m(j\omega)) \leq |r_m(j\omega)|, \quad \omega \in R \tag{3.140}$$

と与える．r_m の状態空間表現は

$$r_m: \quad \dot{x}_m(t) = A_m x_m(t) + B_m u_m(t) \tag{3.141}$$
$$y_m(t) = C_m x_m(t) + d_m u_m(t)$$

と定め，行列 $\{A_m, B_m, C_m, d_m \cdot I\}$ にはつぎの条件を設ける．

(**A4**) (C_m, A_m, B_m) は可制御かつ可観測であり，行列 A_m は安定である．また，伝達関数 $r_m(s)$ は不安定な零点を持たない．

伝達関数 $r_m(s)$ は乗法的摂動 Δ_m の周波数特性を表すために用いる．そして伝達関数 $r_m(s) \in H^\infty$ を適当に与えると，$|r_m(j\omega)|$ の値が等しい周波数重みを (A4) が満たされるようにつくることができる．

図 3.17 に表した乗法的摂動の意味を考えておこう．通常，乗法的摂動は，$G_P(s)(I + \Delta_m(s))$ とプラント全体に乗法的になるよう定義されるから，**図 3.17** のように Δ_m がむだ時間要素にかかると，いく分技巧的な印象を受けるかもしれない．しかしながら，摂動 Δ_m を H^∞ ノルムで評価すると

$$\|\Delta_m\|_\infty = \|\tilde{\Delta}_m \cdot e^{-sL}\|_\infty, \quad \Delta_m = \tilde{\Delta}_m \cdot e^{-sL} \tag{3.142}$$

となるから，**図 3.17** の摂動により**図 3.18** の (a), (b) どちらを表すこともできる．すなわち，乗法的摂動を考える場合には，むだ時間がプラントに含まれるのが，制御器の計算遅れにより発生するものか，区別して扱う必要はない．つぎに，乗法的摂動で表せる代表的な変動を整理する．

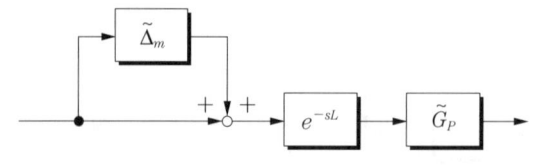

(a) 入力むだ時間系に対する乗法的摂動

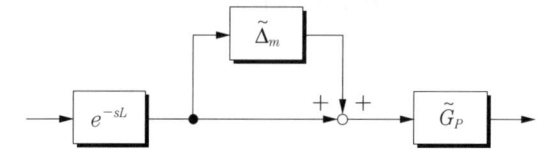

(b) 集中定数部分に対する乗法的摂動

図 3.18 乗法的摂動とむだ時間

〔1〕 **入力端のゲイン変動 ($\tilde{\Delta}$)**

制御入力が実際の値から $1 \pm k_m$ ($k_m > 0$) 倍まで変化するゲイン変動を表す場合，周波数重みは $r_m(s) = d_m = k_m$ (定数) と与えればよい．実際

$$\sigma(\Delta_m(j\omega)) \leq k_m$$

の中に，ゲイン変動 $\Delta_m = ke^{-sL} \cdot I$ ($|k| \leq k_m$) が含まれることが確認できる．

〔2〕 **入力むだ時間の変動 (ΔL)**

摂動 Δ_m の記述を用いれば，むだ時間変動 $L + \Delta L$ は値の増減に関わらず $\Delta_m(s) := \{e^{-s(L+\Delta L)} - e^{-sL}\} \cdot I$ と表せる．そして，つぎの周波数重み $r_m(s)$ を導入すれば，$|\Delta L| \leq L_{\max}$ のむだ時間変動が扱える．

$$\sigma(\Delta_m(j\omega)) = \left|e^{-j\omega|\Delta L|} - 1\right| \leq |r_m(j\omega)|, \qquad r_m(s) := \frac{2.1 \cdot L_{\max} s}{L_{\max} s + 1} \tag{3.143}$$

図 3.19 は $L = 1$, $L_{\max} = 1$ として，実際のむだ時間変動を表す Δ_m と式 (3.143) の周波数重みを比較したものである．実際のむだ時間変動は，非常に複雑なゲイン特性を持つが，単純な周波数重み，式 (3.143) でゲインの上界が評価できていることがわかる．

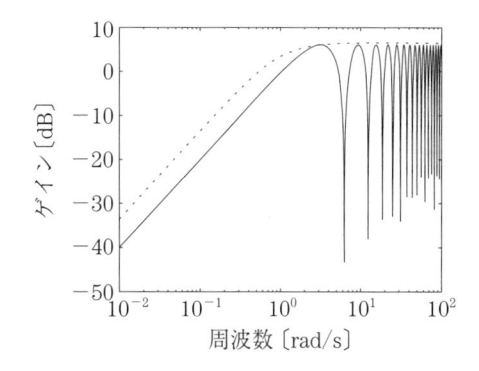

図 3.19 むだ時間変動 (実線) と周波数重み (点線)
($\Delta L = 1$, $L_{\max} = 1$ の場合)

3.6.5 乗法的摂動に対するロバスト安定化

プラントに対して式 (3.140) で表された乗法的摂動がどのように生じても，制御系**図 3.20** が安定になるようなロバスト安定化則 K を構成しよう．式 (3.140) を満たす変動 $\Delta_m(s)$ は

$$\Delta_m(s) = r_m(s)\Delta(s), \qquad \|\Delta\|_\infty \leqq 1 \tag{3.144}$$

と表せるので，**図 3.20** 全体は**図 3.21** のように考えることもできる．

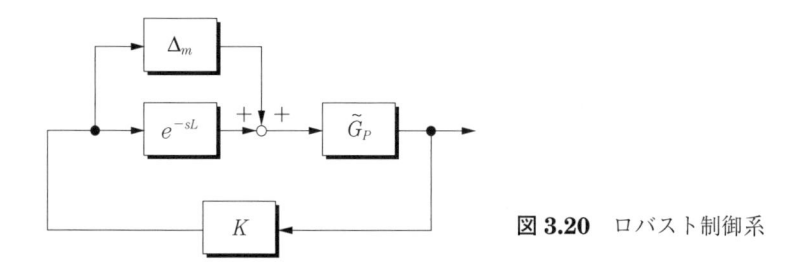

図 3.20 ロバスト制御系

ここで，変動の要素 Δ は $\|\Delta\|_\infty \leqq 1$ と評価できるので，入力を w, 出力を z とした下側全体 Σ_{zw} の H^∞ ノルムを 1 未満にする制御則 K が見つかれば，系全体はロバスト安定になる．したがって，乗法的摂動に対するロバスト安定化問題は，**図 3.21** (a) の Δ, K を除いたものから (b) 一般化プラントを定めて，$w\sim z$ 間の H^∞ ノルムを 1 未満にする H^∞ 制御則を求めればよい．

(a) 制御系と乗法的摂動

(b) 一般化プラント

図 3.21 一般化プラントの導出

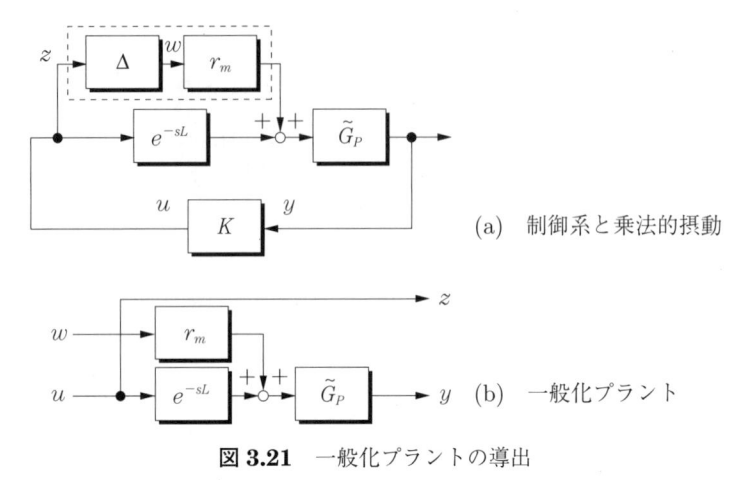

図 3.21 から，一般化プラントの状態方程式は

$$\Sigma_M : \quad \dot{x}(t) = Ax(t) + Dw(t) + Bu(t-L)$$
$$z(t) = u(t) \qquad (3.145)$$
$$y(t) = Cx(t) + D_0 w(t)$$

$$x := \begin{bmatrix} x_m \\ x_p \end{bmatrix}, \ A := \begin{bmatrix} A_m & 0 \\ B_p C_m & A_p \end{bmatrix}, \ B := \begin{bmatrix} 0 \\ B_p \end{bmatrix},$$

$$D := \begin{bmatrix} 0 & B_m \\ 0 & d_m \cdot B_p \end{bmatrix}, \ C := \begin{bmatrix} 0 & C_p \end{bmatrix}, \ D_0 := \begin{bmatrix} \epsilon \cdot I & 0 \end{bmatrix}, \ \epsilon > 0$$

と求められるから，Σ_M において $\gamma = 1$ を達成する H^∞ 制御問題に帰着される。ここで D_0 に含めたパラメータ $\epsilon > 0$ は技巧的に導入したものであり，$\epsilon \neq 0$ とすると，仮定 (A1)〜(A4) のもと，一般化プラントが条件 (H1)〜(H3) を満たすようになる。また，式 (3.109) に現れた行列 F は 0 となるから，条件 (D) も成り立つ。よって $\epsilon \neq 0$ とすれば，**定理 3.2** を適用して H^∞ 制御則を構成することができる。

本来のロバスト安定化問題は，$\epsilon = 0$ とした一般化プラントに対して w〜z 間の H^∞ ノルムを 1 未満にすることであったから，式 (3.145) に定めた問題は余計な外乱を含めて H^∞ 制御問題を解くことになる。これは問題を扱い易く

するために，非常に小さい加法的摂動を考慮したことになる．一般化プラント Σ_M に，**定理 3.2** を適用して，ロバスト安定化則を求めよう．結果は**定理 3.5** とほぼ同様に求められる．

【定理 3.6】 乗法的摂動の式 (3.140) に対して，系 Σ_P のロバスト安定化が可能である十分条件は，式 (3.145) のパラメータで定義した Riccati 方程式 (3.128) と

$$AP + PA^T - PC^T(D_0D_0^T)^{-1}CP + DD^T = 0 \tag{3.146}$$

が安定化解 $M \geqq 0$, $P \geqq 0$ を有し，さらに式 (3.128) が成り立つことである．また安定化則は $S := M(I - PM)^{-1}$ とすれば，つぎのように与えられる．

$$\begin{aligned} u(t) &= -\tilde{B}^T S \left\{ \hat{x}(t) + \int_{-L}^{0} e^{-A(\beta+L)} Bu(t+\beta)\, d\beta \right\} \\ \dot{\hat{x}}(t) &= A\hat{x}(t) + Bu(t-L) \\ &\quad + PC^T(D_0D_0^T)^{-1}(y(t) - C\hat{x}(t)) \end{aligned} \tag{3.147}$$

証明 一般化プラント Σ_M に対して $\gamma = 1$ の H^∞ 制御問題に解が存在すれば，それがロバスト安定化則になる (十分条件)．また一般化プラント Σ_M と Σ_A は，まったく同じ形をしている．よって行列の定義を式 (3.145) に置き換えれば，**定理 3.5** と同様の証明により Σ_M に対する可解条件と制御則が求められる．また制御則は式 (3.131) と同じ形であるが，さらに $DD_0^T = 0$ となることを用いれば式 (3.147) のように整理できる． △

定理 3.6 で導いた条件は，ϵ が 0 でない分だけ解が存在しにくい H^∞ 制御問題を扱うことになる．しかしながら $\epsilon = 0$ とした本来の H^∞ 制御問題が可解である必要十分条件は，十分小さな $\epsilon > 0$ に対して，Σ_M が可解であることが知られている．

例題 3.5 プラント Σ_P が**例題 3.4** と同様に

$$\Sigma_P(s) = \frac{1}{s-1} \cdot e^{-sL}$$

と与えられ,また乗法的摂動の上界が $r_m(s) = d_m$ $(d_m > 0)$ と定数で与えられた場合を考えよう.このとき一般化プラント式 (3.145) のパラメータは

$$A = 1, \ B = 1, \ C = 1, \ D = [0, \ d_m \cdot B_p],$$
$$D_0 = [\epsilon, \ 0], \ \tilde{B} = e^{-AL}B = e^{-L}$$

となるから,Riccati 方程式 (3.128) と式 (3.146) はそれぞれつぎのようになる.

$$2M - e^{-2L}M^2 + d_m^2 M^2 = 0 \tag{3.148}$$

$$2P - \frac{1}{\epsilon^2}P^2 + d_m^2 = 0 \tag{3.149}$$

2 次方程式 (3.148) は $2/(e^{-2L} - d_m^2)$ と 0 を根に持つから

$$e^{-2L} - d_m^2 > 0 \tag{3.150}$$

となるときに安定化解が存在して,それは $2/(e^{-2L} - d_m^2)$ である.また 2 次方程式 (3.149) は $\epsilon^2 \pm \epsilon\sqrt{\epsilon^2 + d_m^2}$ を根に持つから,任意の $\epsilon > 0$, $d_m > 0$ に対して $\epsilon^2 + \epsilon\sqrt{\epsilon^2 + d_m^2}$ が安定化解になる.不等式 (3.130) の条件は

$$\lambda_{\max}(PM) = 2(\epsilon^2 + \epsilon\sqrt{\epsilon^2 + d_m^2})/(e^{-2L} - d_m^2) < 1 \tag{3.151}$$

となり式 (3.150) のもと,式 (3.151) を成り立たせる $\epsilon > 0$ はつねに存在する.したがって,変動の上界 $d_m > 0$ が式 (3.150) を満たすように与えられたとき,**定理 3.6** からロバスト安定則を構成することができる.条件の式 (3.150) は $\epsilon > 0$ の値に依存しないので,問題が解けるための必要十分条件である.また,式 (3.150) は

$$d_m < e^{-L} \tag{3.152}$$

と書き換えてみると,プラントに含まれるむだ時間が大きな値になるほど,ロバスト安定化が可能な変動の範囲が小さくなることを意味している.

3.6.6 補助的な調整法

入力むだ時間系に対して，加法的摂動・乗法的摂動のロバスト安定化を行う場合，それぞれに状態予測制御が有効であり，比較的簡便な設計法で制御則を求めることができた (3.6.2～3.6.5 項)．本項ではこれらの結果をまとめ，制御系の速応性を調節する補助的な調節法を紹介する．

3.2.3 項で述べたように，制御系の速応性を調整する基本的な方法の一つに，制御系の指数安定度を指定し，閉ループ系の極が虚軸から一定の距離だけ離れた領域に現れるように，制御器を求める方法がある．本項では，H^∞ 制御則を求める場合にも，同様に閉ループ系の指数安定度を調整できることを示し，制御則の設計法を整理する．

図 3.22 のように，一般化プラント Σ に対して H^∞ ノルムを γ 未満にする制御則 $K(s)$ を施した状況を考える．このとき，制御系はつぎの条件を満たしている．

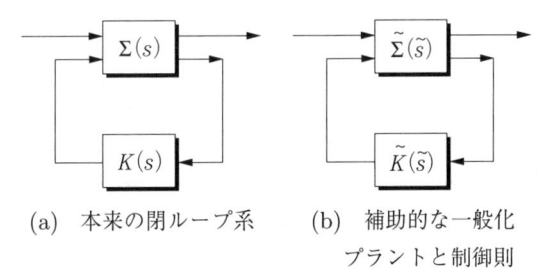

(a) 本来の閉ループ系　　(b) 補助的な一般化プラントと制御則

図 3.22 H^∞ 制御系と指数安定度の関係

1. Σ と K からなる閉ループ系は，内部安定である．
2. 閉ループ系の w から z までの伝達関数を $\Sigma_{zw}(s)$ とすると，H^∞ ノルムが γ 未満であるから

$$\|\Sigma_{zw}\|_\infty := \sup_{s:\mathrm{Re}(s)>0} \sigma(\Sigma_{zw}(s)) \tag{3.153}$$

が成り立つ．

したがって，閉ループ系の指数安定度を考慮した H^∞ 制御則を求める場合には，1. の代わりに閉ループ系の極の実部が $-k$ ($k>0$) より小さくなり，さら

に 2. の条件の式 (3.153) を満たす制御則の構成が必要である。

定理 3.2 と H^∞ ノルムの性質に注意すると，閉ループ系の指数安定度を k 以上にする制御則は，つぎのように構成できる。

【定理 3.7】 一般化プラントが伝達関数により $\Sigma(s)$ と与えられたとする。このとき閉ループ系の指数安定度が k 以上になる制御則は，つぎの手順で構成できる。

1. 一般化プラント $\Sigma(s)$ の代わりに，$\tilde{s} = s + k$ とおいた補助系 $\tilde{\Sigma}(\tilde{s})$ を求める。
$$\tilde{\Sigma}(\tilde{s}) = \Sigma(\tilde{s} - k) \tag{3.154}$$

2. 補助系 $\tilde{\Sigma}(\tilde{s})$ に対して，p.71 の条件 (C1), (C2) を満足する H^∞ 制御則 $\tilde{K}(\tilde{s})$ を設計する (**図 3.22**)。

3. 制御則 $\tilde{K}(\tilde{s})$ から
$$K(s) = \tilde{K}(s + k) \tag{3.155}$$
を定義すると，制御対象 $\Sigma(s)$ と制御則 $K(s)$ から構成した閉ループ系は，指数安定度が k 以上である。

証明 一般化プラントを伝達関数により

$$\begin{bmatrix} z(s) \\ y(s) \end{bmatrix} = \Sigma(s) \begin{bmatrix} w(s) \\ u(s) \end{bmatrix}, \quad \Sigma(s) = \begin{bmatrix} \Sigma_{11}(s) & \Sigma_{12}(s) \\ \Sigma_{21}(s) & \Sigma_{22}(s) \end{bmatrix} \tag{3.156}$$

と表し，補助系 $\tilde{\Sigma}(\tilde{s})$ をつぎのように定める。

$$\begin{bmatrix} \tilde{z}(\tilde{s}) \\ \tilde{y}(\tilde{s}) \end{bmatrix} = \tilde{\Sigma}(\tilde{s}) \begin{bmatrix} \tilde{w}(\tilde{s}) \\ \tilde{u}(\tilde{s}) \end{bmatrix} \tag{3.157}$$

$$\tilde{\Sigma}(\tilde{s}) := \begin{bmatrix} \tilde{\Sigma}_{11}(\tilde{s}) & \tilde{\Sigma}_{12}(\tilde{s}) \\ \tilde{\Sigma}_{21}(\tilde{s}) & \tilde{\Sigma}_{22}(\tilde{s}) \end{bmatrix} = \begin{bmatrix} \Sigma_{11}(\tilde{s} - k) & \Sigma_{12}(\tilde{s} - k) \\ \Sigma_{21}(\tilde{s} - k) & \Sigma_{22}(\tilde{s} - k) \end{bmatrix} \tag{3.158}$$

そして系 $\tilde{\Sigma}(\tilde{s})$ に対して，条件 (C1), (C2) を満たす H^∞ 制御則

$$\tilde{u}(\tilde{s}) = \tilde{K}(\tilde{s}) \tilde{y}(\tilde{s}) \tag{3.159}$$

が構成可能であれば，閉ループ系において $w \sim z$ 間の伝達関数はつぎのように与

3.6 ロバスト安定：加法的摂動と乗法的摂動

えられる．

$$\|\tilde{\Sigma}_{zw}(\tilde{s})\|_\infty < \gamma, \tag{3.160}$$
$$\tilde{\Sigma}_{zw}(\tilde{s}) = \tilde{\Sigma}_{11}(\tilde{s}) + \tilde{\Sigma}_{12}(\tilde{s})\tilde{K}(\tilde{s})(I - \tilde{\Sigma}_{22}(\tilde{s})\tilde{K}(\tilde{s}))^{-1}\tilde{\Sigma}_{21}(\tilde{s})$$

一方，一般化プラント $\Sigma(s)$ に対する制御則を

$$u(s) = K(s)y(s), \quad K(s) = \tilde{K}(s+k) \tag{3.161}$$

と定めて，閉ループ系を構成すると，**定理 3.1** が適用できるから，すべての極の実部が $-k$ より小さくなる．また $w\sim z$ 間の伝達関数は

$$\Sigma_{zw}(s) = \Sigma_{11}(s) + \Sigma_{12}(s)K(s)(I - \Sigma_{22}(s)K(s))^{-1}\Sigma_{21}(s) \tag{3.162}$$

と表され，つぎの関係を満たしている．

$$\tilde{\Sigma}_{zw}(\tilde{s}) = \Sigma_{zw}(s), \quad \tilde{s} = s + k \tag{3.163}$$

したがって，一般化プラント Σ に制御則の式 (3.161) を施すと，$w\sim z$ 間の H^∞ ノルムがつぎのように評価できる．

$$\begin{aligned}
\|\Sigma_{zw}\|_\infty &:= \sup_{\mathrm{Re}(s)>0} \sigma(\Sigma_{zw}(s)) \\
&\leq \sup_{\mathrm{Re}(s)>-k} \sigma(\Sigma_{zw}(s)) = \sup_{\mathrm{Re}(s+k)>0} \sigma(\Sigma_{zw}(s)) \\
&= \sup_{\mathrm{Re}(\tilde{s})>0} \sigma(\tilde{\Sigma}_{zw}(\tilde{s})) = \|\tilde{\Sigma}_{zw}\|_\infty
\end{aligned} \tag{3.164}$$

ここで式 (3.164) の導出には，式 (3.153) の関係を用いている．よって式 (3.160)，(3.164) から，H^∞ ノルムに関する条件 $\|\Sigma_{zw}\|_\infty < \gamma$ の成り立つことが示される． △

定理 3.7 により，閉ループ系の指数安定度と H^∞ 制御を扱う設計問題は，適当な補助系を定義し，これに対する H^∞ 制御則を求めればよいことが示された．この結果を用いると，**定理 3.13** のロバスト安定化と系の指数安定度を考慮した制御則は，対応する一般化プラントをつぎのように定めて構成することができる．

$$\tilde{\Sigma}_R: \begin{aligned}
\dot{\hat{x}}(t) &= \hat{A}\hat{x}(t) + Dw(t) + \hat{B}u(t-L) \\
z(t) &= u(t) \\
y(t) &= C\hat{x}(t) + D_0 w(t)
\end{aligned} \tag{3.165}$$

$$\hat{A} := \begin{bmatrix} A_a + k \cdot I & 0 \\ 0 & A_p + k \cdot I \end{bmatrix},$$

$$\hat{B} := \begin{bmatrix} 0 \\ e^{kL} \cdot B_p \end{bmatrix}, \quad D := \begin{bmatrix} B_a \\ 0 \end{bmatrix},$$

$$C := \begin{bmatrix} C_a & C_p \end{bmatrix}, \quad D_0 := d_a \cdot I$$

【定理 3.8】 加法的摂動と乗法的摂動 (Δ_a, Δ_m) に対してロバスト安定であり,閉ループ系の指数安定度が k 以上になる制御則が構成できる十分条件は,Riccati 方程式

$$\hat{M}\hat{A} + \hat{A}^T \hat{M} - \hat{M}\tilde{B}\tilde{B}^T \hat{M} + \hat{M}DD^T \hat{M} = 0,$$

$$\tilde{B} = e^{-AL}B = e^{-\hat{A}L}\hat{B} \tag{3.166}$$

$$(\hat{A} - DD_0^T(D_0 D_0^T)^{-1}C)\hat{P} + \hat{P}(\hat{A} - DD_0^T(D_0 D_0^T)^{-1}C)^T$$
$$- \hat{P}C^T(D_0 D_0^T)^{-1}C\hat{P} = 0 \tag{3.167}$$

が安定化解 $\hat{M} \geq 0$, $\hat{P} \geq 0$ を有し,さらに

$$\lambda_{\max}(\hat{P}\hat{M}) < 1 \tag{3.168}$$

が成り立つことである。ここで安定化解 $\hat{M} \geq 0$, $\hat{P} \geq 0$ とは,行列 $\hat{A} - \tilde{B}\tilde{B}^T \hat{M} + DD^T \hat{M}$, $(\hat{A} - DD_0^T(D_0 D_0^T)^{-1}C) - \hat{P}C^T(D_0 D_0^T)^{-1}C$ が漸近安定になるような対称行列を意味する。

またロバスト安定化則は,行列 $\hat{S}$ を $\hat{S} := \hat{M}(I - \hat{P}\hat{M})^{-1}$ と定めれば,つぎのように与えられる。

$$u(t) = -\tilde{B}^T \hat{S} \left\{ \hat{x}(t) + \int_{-L}^{0} e^{-A(\beta+L)} Bu(t+\beta) \, d\beta \right\}$$

$$\dot{\hat{x}}(t) = A\hat{x}(t) + Bu(t-L) \tag{3.169}$$
$$+ (\hat{P}C^T + DD_0^T)(D_0 D_0^T)^{-1}(y(t) - C\hat{x}(t))$$

証明 一般化プラント Σ_R において,$\begin{bmatrix} w \\ u \end{bmatrix}$ から $\begin{bmatrix} z \\ y \end{bmatrix}$ までの伝達関数を $\Sigma_R(s)$ とすると,伝達関数 $\tilde{\Sigma}(\tilde{s}) = \Sigma(\tilde{s} - k)$ により定義される補助系は,式

(3.165) のように与えられる。また系 $\tilde{\Sigma}_R$ に対して，Riccati 方程式 (3.166)，式 (3.167) と条件式 (3.168) を満たす安定化解 $\hat{M} \geq 0$, $\hat{P} \geq 0$ が存在すれば，補助系 $\tilde{\Sigma}_R$ に対して $\gamma = 1$ を達成する H^∞ 制御がつぎのように構成できる (**定理 3.7**)。

$$\begin{aligned}
u(t) &= -\tilde{B}^T \hat{S} \left\{ \hat{x}(t) + \int_{-L}^{0} e^{-\hat{A}(\beta+L)} \hat{B} u(t+\beta)\, d\beta \right\} \\
\dot{\hat{x}}(t) &= \hat{A}\hat{x}(t) + \hat{B}u(t-L) \\
&\quad + (\hat{P}C^T + DD_0^T)(D_0 D_0^T)^{-1}(y(t) - C\hat{x}(t))
\end{aligned} \qquad (3.170)$$

この制御則の y から u までの伝達関数を $\tilde{K}(\tilde{s})$ と表し，$K(s) = \tilde{K}(s+k)$ により与えられる制御則を求めると，式 (3.169) が対応する制御則になることが示される。 △

********** 演 習 問 題 **********

【1】 **例題 3.1** の入力むだ時間系の式 (3.15) から，仮想的な集中定数系の式 (3.16) が導かれること，また閉ループ系の極配置を $-1, -3$ としたとき，系の式 (3.16) に対する制御則が，式 (3.17) のように与えられることを確認せよ。

【2】 つぎの入力むだ時間系に対して，閉ループ系の極を $-1, -2$ に配置する状態予測制御を構成せよ。

$$\dot{x}(t) = Ax(t) + Bu\left(t - \frac{\pi}{2}\right), \qquad (3.171)$$

$$A = \begin{bmatrix} 0 & 1 \\ -1 & 0 \end{bmatrix}, \ B = \begin{bmatrix} 0 \\ 1 \end{bmatrix}$$

【3】 図 **3.23** のように，加法的摂動 Δ_a と乗法的摂動 Δ_m を考慮したロバスト安定化問題を考える。ここでプラント G_P は式 (3.123) のように与えられ，p.78 の仮定 (A1), (A2) を満たすとする。また，加法的摂動 Δ_a と乗法的摂動 Δ_m は，それぞれ式 (3.124), (3.126), 式 (3.140), (3.142) のように与えられ，p.78, 83 の仮定 (A3), (A4) を満たすとする。つぎの変動を考慮したロバスト安定化問題を，対応する H^∞ 制御問題により表せ。

$$\Delta := \begin{bmatrix} \Delta_a \\ \Delta_m \end{bmatrix}, \qquad \|\Delta\|_\infty < 1 \qquad (3.172)$$

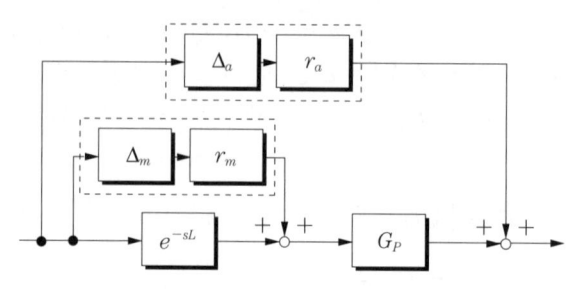

図 3.23 加法的摂動と乗法的摂動

また，**定理 3.2** が適用できることを確認せよ。

4 分布定数系

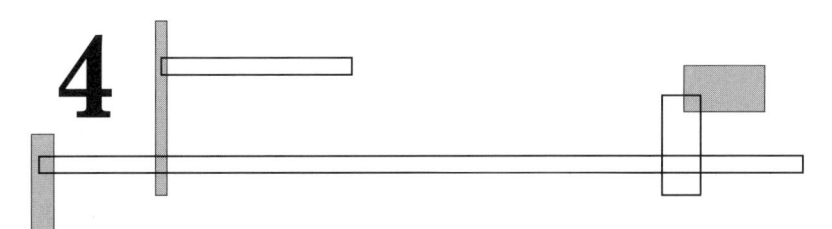

時間的なダイナミクスだけでなく，空間的にもダイナミクスを持つシステムを **分布定数系** という．本章では，分布定数系の制御の概念を示した後に，工学的にどのようなシステムが分布定数系であるかを紹介し，その特徴を伝達関数の極と零点から調べてみる．

4.1 分布定数系の制御の概念

分布定数系の簡単な例として，単位長の棒の温度分布を考えてみよう．温度は時間とともに変化するのでダイナミクスを持つことは明らかである．また同時に棒の場所によってその温度が異なってくる．棒の長さ方向を $x \in [0,1]$ とし，温度分布を θ とすると，温度分布は時間関数であり，また位置の関数でもある．すなわち，$\theta(t,x)$ と表すことができる．測定する位置を固定して，時間変化を見るとダイナミクスを持ち，時間を固定すると，位置によって温度分布がある．このことから空間的に広がりを持つシステムのことは **分布定数系** と呼ばれる．この棒の温度分布のダイナミクスを微分方程式で書き表すと，熱拡散方程式と呼ばれる偏微分方程式になる．

$$\frac{\partial \theta}{\partial t} = a^2 \frac{\partial^2 \theta}{\partial x^2} \tag{4.1}$$

分布定数系は **無限次元系** とも呼ばれる．次元が無限である，とはどういうことであろうか．無限次元の意味を理解するためには有限次元とはなにかを知る

必要がある。ベクトル空間において n 本のベクトルの組 $\{v_1, v_2, \cdots v_n\}$ がその空間の基底であるとは，$\{v_1, v_2, \cdots v_n\}$ が1次独立であり，$n+1$ 個のベクトルのすべての組が従属になることをいう。このときその空間は n 次元であるという。したがって，ベクトル空間が有限次元であるとは，ある有限の数 N が存在して，N 個より多いベクトルは必ず1次従属になるとき，そのベクトル空間は有限次元であるという。また，有限次元でないとき，すなわちいくらでも大きな数の1次独立なベクトルが存在するとき**無限次元**であるという。

このことから，状態方程式のシステム行列が $n \times n$ 次元の行列で書き表されるシステムは，当然 n 次元系である。当然ながら状態方程式では，状態変数の数が次元に一致している。では偏微分方程式で書き表される分布定数系はなぜ無限次元系なのだろうか。先の温度分布は変数としては温度 $\theta(t,x)$ だけだから，1次元ではないのだろうか。

分布定数系の空間は，ベクトルが基底となる有限次元とは異なり，関数を元とする関数空間になっている。このような関数空間では直交関数系†が基底関数となるので，有限個の直交関数のみを基底に選ぶことはできず，無限次元となる††。このことから，分布定数系は無限次元系とも呼ばれている。

制御対象が分布定数系である場合の制御を考えてみよう。状態方程式で記述される集中定数系では，状態フィードバック制御が有効であった。これはその制御対象が持つ状態を制御するためである。分布定数系でも制御対象の無限次元の状態を観測し，無限次元の状態フィードバックができれば有効であると予想できる。

この予想は正しいのだが，残念ながら分布状態をそのまま測るセンサは一般には存在しないこと，同じように分布的な入力を加えるアクチュエータも存在しないことから，分布定数系の制御ではどこかでなんらかの近似が必要になってくる。また，制御系を設計するときも，分布定数系のままで(すわなち偏微

---

† 関数空間における代表的な直交関数として，sin, cos, 指数関数，ベッセル (Bessel) 関数，ルジャンドル (Legendre) 関数，チェビシェフ (Chebyshev) 関数，エルミート (Hermite) 関数，ラゲール (Laguerre) 関数などが知られている。

†† 関数空間等，数学的な定義の詳細は参考文献[34])などを参照されたい。

コーヒーブレイク

棒の温度分布がなぜ偏微分方程式になるかわかるだろうか。熱は熱いほうから冷たいほうへと伝わっていく。いま図 4.1 のような一様な 1 次元の熱導体を考える。温度を θ，断面積を A，密度を ρ，比熱を c とすると微小部分 dx の熱容量は $c\rho A dx$ と表される。この部分の熱エネルギーの増加は $c\rho A dx d\theta$ となる。単位断面を通して単位時間に流入する熱エネルギーはその点の温度勾配に比例するから x の断面については

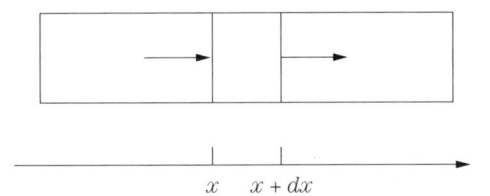

図 4.1 1 次元熱伝導

$$-kA \left.\frac{\partial \theta}{\partial x}\right|_x dt$$

となる。一方，断面 $x+dx$ から流入する熱量は

$$-kA \left.\frac{\partial \theta}{\partial x}\right|_{x+dx} dt$$

となる。熱の収支を考えると

$$c\rho A dx d\theta = kA \left\{ \left.\frac{\partial \theta}{\partial x}\right|_{x+dx} - \left.\frac{\partial \theta}{\partial x}\right|_x \right\} dt \tag{4.2}$$

が成り立ち，dx が小さいときには

$$\left.\frac{\partial \theta}{\partial x}\right|_{x+dx} \fallingdotseq \left.\frac{\partial \theta}{\partial x}\right|_x + \left.\frac{\partial^2 \theta}{\partial x^2}\right|_x dx$$

となるから，式 (4.2) は

$$c\rho A dx d\theta = kA \frac{\partial^2 \theta}{\partial x^2} dx dt$$

と書き表される。a^2 (熱拡散率) を

$$a^2 = \frac{k}{c\rho}$$

としてまとめると，以下の**熱拡散方程式**が求められる。

$$\frac{\partial \theta}{\partial t} = a^2 \frac{\partial^2 \theta}{\partial x^2} \tag{4.3}$$

分方程式を使って) 設計することはとても難しい。

このようなことから分布定数系の計測・制御・近似の関係は，**図 4.2** のように考えることができる。**図 4.2** において，楕円が分布定数系および分布定数系モデル，太い線が分布定数系のままの変数である。矩形ならびに細い線は集中系となる。

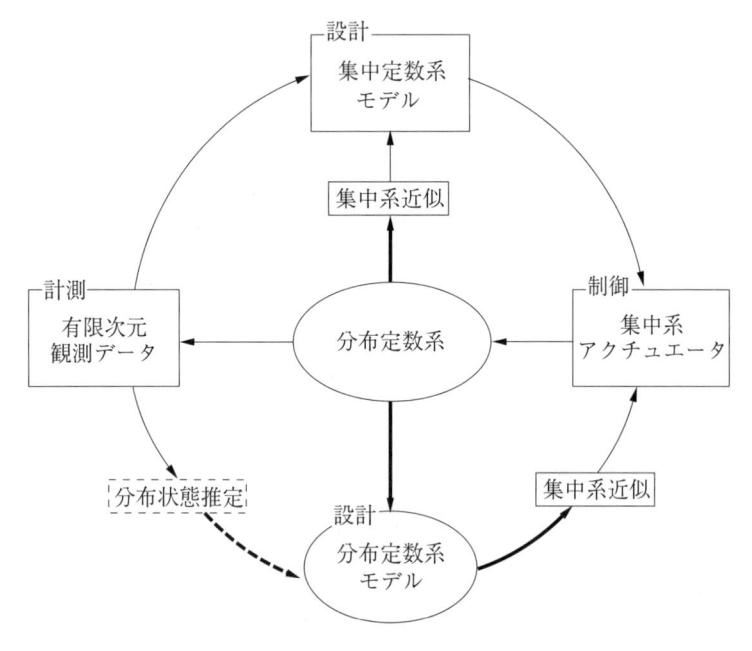

図 4.2 分布定数系の計測・制御・近似の関係

分布定数系を扱うときには，その系の持つ性質を十分に把握してから，近似をどこで使うのか，どのような近似方法を使うのかということに注意しなければならない。

4.2 工学的分類

偏微分方程式に関する数学の教科書では，まず偏微分方程式を双曲型，放物

型，楕円型と呼ばれる型に分類している。この分類は偏微分方程式の解を導くための性質によって分けられている。工学，特に制御においては必ずしもこの分類法が万能というわけではない。

そこでここではいくつかの簡単な例をあげて，その系の伝達関数とその極配置を検討していく。分布定数系の極は一般に無限個存在するが，その配置の形に特徴が見られる。また，開ループ系と閉ループ系で極配置が大きく異なる場合もある。以下に示す例はすべて，可算無限個の極を持ち，すべての極が左半平面に存在すれば[†]，安定な系である。

偏微分方程式から伝達関数を求めるためには，集中定数系のように時間変数についてのみのラプラス変換だけでは伝達関数が求まらず，空間方向の変数に関するラプラス変換も必要になる。空間方向について1次元の場合は**2元ラプラス変換**と呼ばれる。

また，伝達関数を考えるときに，入力から出力までの伝達特性を考えるが，偏微分方程式の習慣では変数は u であったが，制御工学で使われる u は入力を表わす。本節では，制御工学における伝達関数を考えるため，**表 4.1** のように記すことにする。

表 4.1 分布定数系の変数

記号	意味
$u(t)$	入力 (時間のみに依存する変数)
$\theta(t,x)$	時刻 t，位置 x における温度
$y(t,x)$	時刻 t，位置 x における位置
s	時間に関するラプラス演算子
p	空間に関するラプラス演算子
t	時間
x	空間変数

[†] 正確には「虚軸から有限の距離だけ離れた虚軸に平行な直線より左側」である。

4.2.1 熱拡散系

簡単な熱拡散方程式の伝達関数を求め，極と零点を求める。

熱拡散方程式は式 (4.1) で求められている。

$$\frac{\partial \theta}{\partial t} = a^2 \frac{\partial^2 \theta}{\partial x^2}$$

長さを 1 とし，境界 $x = 0$ の温度を入力 $u(t)$ とする。初期条件を式 (4.4) のように零とし，境界条件を式 (4.5) とする。

$$\theta(0, x) = 0 \tag{4.4}$$

$$\theta(t, 0) = u(t), \quad \frac{\partial \theta(t, 1)}{\partial x} = 0 \tag{4.5}$$

さて，伝達関数を求めよう。式 (4.1) を t についてラプラス変換して，式 (4.4) を代入する。

$$s\theta(s, x) = a^2 \frac{\partial^2 \theta(s, x)}{\partial x^2} \tag{4.6}$$

これは普通の時間領域のラプラス変換である[†]。

つぎに，式 (4.6) を空間変数 x についてラプラス変換する。

$$\frac{s}{a^2}\theta(s, p) = p^2\theta(s, p) - p\theta(s, 0) - \frac{\partial \theta(s, 0)}{\partial x} \tag{4.7}$$

式 (4.7) に式 (4.5) を代入して，$\theta(s, p)$ についてまとめると

$$\theta(s, p) = \frac{p}{p^2 - \dfrac{s}{a^2}} u(s) + \frac{1}{p^2 - \dfrac{s}{a^2}} \frac{\partial \theta(s, 0)}{\partial x}$$

これを部分分数展開すると次式が得られる。

$$\theta(s, p) = \frac{1}{2}\left(\frac{1}{p + \sqrt{\dfrac{s}{a^2}}} + \frac{1}{p - \sqrt{\dfrac{s}{a^2}}}\right) u(s)$$

$$+ \frac{1}{2\sqrt{\dfrac{s}{a^2}}}\left(\frac{1}{p - \sqrt{\dfrac{s}{a^2}}} - \frac{1}{p + \sqrt{\dfrac{s}{a^2}}}\right)\frac{\partial \theta(s, 0)}{\partial x}$$

[†] s 領域の変数を特に大文字で表記はしない。

ここで,空間ラプラス演算子 p に関して逆ラプラス変換をする。

$$\theta(s,x) = \frac{1}{2}\left(e^{-\sqrt{\frac{s}{a^2}}x} + e^{\sqrt{\frac{s}{a^2}}x}\right)u(s)$$
$$+ \frac{1}{2\sqrt{\frac{s}{a^2}}}\left(e^{\sqrt{\frac{s}{a^2}}x} - e^{-\sqrt{\frac{s}{a^2}}x}\right)\frac{\partial \theta(s,0)}{\partial x} \tag{4.8}$$

さて,式 (4.8) における $\partial \theta(s,0)/\partial x$ を求めよう。式 (4.8) を x について偏微分し,$x=1$ を代入して,境界条件の式 (4.5) を用いてまとめる。

$$\frac{\partial \theta(s,0)}{\partial x} = \sqrt{\frac{s}{a^2}}\frac{e^{-\sqrt{\frac{s}{a^2}}} - e^{\sqrt{\frac{s}{a^2}}}}{e^{\sqrt{\frac{s}{a^2}}} + e^{-\sqrt{\frac{s}{a^2}}}}u(s) \tag{4.9}$$

求められた式 (4.9) を式 (4.8) に代入し,まとめれば伝達関数が求められる。

$$\theta(s,x) = \frac{e^{-\sqrt{\frac{s}{a^2}}x}e^{\sqrt{\frac{s}{a^2}}} + e^{\sqrt{\frac{s}{a^2}}x}e^{-\sqrt{\frac{s}{a^2}}}}{e^{\sqrt{\frac{s}{a^2}}} + e^{-\sqrt{\frac{s}{a^2}}}}u(s) \tag{4.10}$$

双曲線関数を用いて表すと,つぎのようになる。

$$\theta(s,x) = \frac{\cosh\left[\sqrt{\frac{s}{a^2}}(1-x)\right]}{\cosh\sqrt{\frac{s}{a^2}}}u(s) \tag{4.11}$$

式 (4.10) は一様な長さ 1 の端点に入力 $u(t)$ を与えたときの位置 x における伝達特性を示している。したがって,式 (4.10) は x を含む形の伝達関数になっている。例えば,入力端 ($x=0$) と反対の端点を出力にとるならば,$x=1$ を式 (4.10) に代入すればよい。

$$\theta(s,1) = \frac{1}{\cosh\sqrt{\frac{s}{a^2}}}u(s) \tag{4.12}$$

分布定数系の伝達関数の特徴としては,指数関数,双曲線関数を含むことと,時間変数のラプラス演算子 s の平方根などが表われることである。しかしながら,一般に有理形関数†になっている。

偏微分方程式からラプラス変換をして,伝達関数を求めるときに注意しなければならない点は,初期値や境界条件の扱いと入出力関係をしっかりと把握することである。例えば,式 (4.10) において $x=0$ を代入してしまうと伝達関数は 1 になってしまう。これは入力端と出力端を同じに選んでしまったからである。

さて,つぎに伝達関数から極と零点を求める。

極は伝達関数が無限大になる点であり

$$\cosh\sqrt{\frac{s}{a^2}} = 0$$

を満たす s である。したがって,n を整数として

$$-2\sqrt{\frac{s}{a^2}} = -\pi j \pm 2\pi n j$$

から

$$s = -\frac{1}{4}\pi^2 a^2(-1 \pm n^2) \tag{4.13}$$

と求まる。

零点は $x=1$ のときに存在しないが,x を残した形で求めると

$$s = \frac{-\pi^2 a^2(-1 \pm 2n)^2}{4(1-x)^2} \tag{4.14}$$

となる。

熱拡散系の極と零点の特徴は,すべて左半平面にある無限個の実根で,原点から離れるにしたがって極と極,零点と零点との間隔が広がっていくことである(図 **4.3**)。極,零点ともにすべて左半平面にあるので安定で最小位相系である。

---

† 有理形関数とは整関数の比の形になっている関数のことをいう。

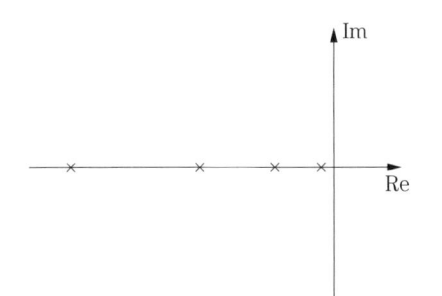

図 4.3 熱拡散系の極配置

4.2.2 波　動　系

双曲型分布系の代表である**波動方程式**の伝達関数を求めよう。

図 4.4 のように，片端を固定された弦の振動を考える。入力は固定端と反対側とする。$y(t,x)$ は弦をピンと張ったときの位置からの距離で，時間と距離の関数である。初期条件は $y(0,x) = 0$ とする。

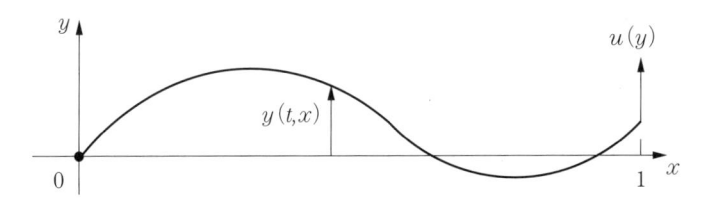

図 4.4 片端固定の弦

波動方程式と初期条件，境界条件はつぎのようになる。

$$\frac{\partial^2 y(t,x)}{\partial t^2} = a^2 \frac{\partial^2 y(t,x)}{\partial x^2} \tag{4.15}$$

$$y(0,x) = 0 , \quad \frac{\partial y(0,x)}{\partial t} = 0 \tag{4.16}$$

$$y(t,0) = 0 , \quad y(t,1) = u(t) \tag{4.17}$$

式 (4.15) を t についてラプラス変換し，境界条件の式 (4.17) を代入し，つぎに x についてラプラス変換し，初期条件の式 (4.16) を代入する。そして部分分数展開して，p について逆ラプラス変換すると

4. 分布定数系

$$y(s,x) = \frac{a}{2s}\left(e^{\frac{s}{a}x} - e^{-\frac{s}{a}x}\right)\frac{\partial y(s,0)}{\partial x} \tag{4.18}$$

を得る。

ここで $x=1$ を代入し，境界条件の式 (4.17) 第 2 式から $\partial y(s,0)/\partial x$ (入力 $u(s)$ を含む) が求められる。それを，式 (4.18) に代入すると，伝達関数が求められる。

$$y(s,x) = \frac{e^{\frac{s}{a}x} - e^{-\frac{s}{a}x}}{e^{\frac{s}{a}} - e^{-\frac{s}{a}}} u(s) \tag{4.19}$$

伝達関数の式 (4.19) において，$x=0$ の点は固定であるから，入力信号の影響は受けない。したがって伝達関数は 0 となり，$x=1$ の点は入力点だから，伝達関数は 1 となる。

極は

$$e^{\frac{s}{a}} - e^{-\frac{s}{a}} = 0 \tag{4.20}$$

より

$$s = \pm j a n \pi, \qquad n = 0, 1, 2, \cdots \tag{4.21}$$

であり，零点も同様に

$$s = \pm j \frac{a\pi n}{x}, \qquad x \neq 0, 1 \ , n = 0, 1, 2, \cdots \tag{4.22}$$

と求まる。

波動方程式の極と零点の特徴は，両方とも虚軸上に可算無限個，等間隔で存

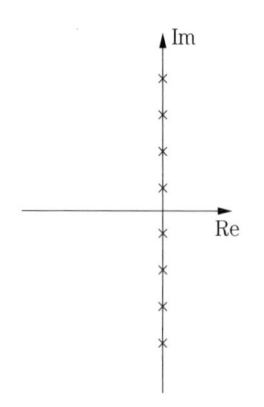

図 4.5 波動系の極配置

在することである (図 **4.5**)。減衰項がないので振動が持続する。

4.2.3 輸送型分布系 (単管・並流熱交換器)

空気や液体が移動するタイプの分布定数系をここでは**輸送型分布定数系**と呼ぶことにする。輸送型の分布定数系として，むだ時間系に近い形の**単管熱交換器と並流熱交換器**の例を示す。

〔1〕 **単管熱交換器**

図 **4.6** で表される単管熱交換器を考える。流体は $x=0$ から管に入り，$x=1$ で管を出る。θ を内部流体温度，v を内部流体流速 (一定)，ϕ を外部温度とすると次式が成立する。

$$\frac{\partial \theta(t,x)}{\partial t} + v\frac{\partial \theta(t,x)}{\partial x} = -a\theta(t,x) + a\phi \qquad (4.23)$$

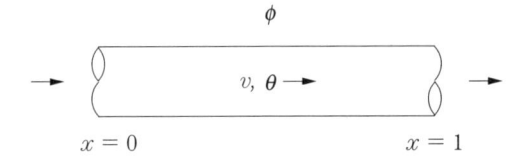

図 **4.6** 単管熱交換器

ここで，a は熱伝達係数に比例する量である。出力を内部流体の出口温度 $\theta(t,1)$，入力を外部温度 ϕ とし，$u(t) = a\phi$ とする。ここで外部温度は一定で分布はないとしている。

初期条件を $\theta(0,x) = 0$ とし，内部流体入口温度を一定とする。すなわち，初期条件，境界条件は次式で表される。

$$\theta(0,x) = 0 \qquad (4.24)$$
$$\theta(t,0) = 0 \qquad (4.25)$$

伝達関数を求めるために，まず，式 (4.23) を t についてラプラス変換し，式 (4.24) を代入する。つぎに，x についてラプラス変換して，式 (4.25) を代入す

る。そして，p について逆ラプラス変換すると，つぎのように伝達特性が求められる。

$$\theta(s, x) = \frac{1}{v} e^{-\frac{s+a}{v}x} u(s) \tag{4.26}$$

式 (4.26) において $x = 1$ を代入すると，外部温度から出口温度までの伝達関数が求められる。

$$\theta(s, 1) = \frac{1}{v} e^{-\frac{s+a}{v}} u(s) \tag{4.27}$$

式 (4.27) において，$a = 0$ ならば，むだ時間要素と同じになる。

極と零点を求めてみよう。極は伝達関数が無限大となる s であるから

$$\lim_{s \to -\infty} \left\{ \frac{1}{v} e^{-\frac{s+a}{v}x} \right\} = \infty$$

から，極は左半平面の無限遠点 $(-\infty)$ であり，有限な範囲の複素平面には存在しない。

零点も同様に

$$\lim_{s \to \infty} \left\{ \frac{1}{v} e^{-\frac{s+a}{v}x} \right\} = 0$$

から，右半平面の無限遠点 (∞) であり，有限な範囲の複素平面には存在しない。

この性質はむだ時間要素とまったく同じである。開ループ系には有限の範囲に極も零点も存在しないが，単一フィードバックなどを施すと，閉ループ系は遅れ型むだ時間系のような無限個の極が鎖状をなして表れる。

〔2〕 並流熱交換器

図 4.7 で表される**並流熱交換器**を考える。

並流熱交換器とは流体が並行して流れる間に，熱交換を行う温度制御システムである。基礎方程式から伝達関数を求めて，考察してみよう。

θ_1 を第 1 流体の温度分布，θ_2 を第 2 流体の温度分布，a_1, a_2, r をそれぞれ定数とすると，基礎方程式は次式で与えられる。

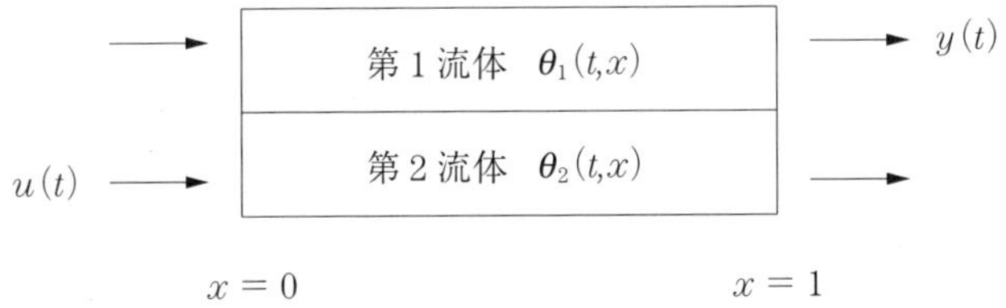

```
 ────→  ┌─────────────────────┐  ────→ y(t)
        │ 第1流体  θ₁(t,x)    │
u(t) ──→│ 第2流体  θ₂(t,x)    │  ────→
        └─────────────────────┘
        x = 0                  x = 1
```

図 4.7 並流熱交換器

$$\frac{\partial \theta_1(t,x)}{\partial t} + \frac{\partial \theta_1(t,x)}{\partial x} = a_1(\theta_2(t,x) - \theta_1(t,x)) \tag{4.28}$$

$$r\frac{\partial \theta_2(t,x)}{\partial t} + \frac{\partial \theta_2(t,x)}{\partial x} = a_2(\theta_1(t,x) - \theta_2(t,x)) \tag{4.29}$$

出力を第1流体の出口温度 $\theta_1(t,1)$, 入力を第2流体の入口温度 $\theta_2(t,0)$ とする. 初期条件を式 (4.30), 境界条件を式 (4.31) に示す.

$$\theta_1(0,x) = \theta_2(0,x) = 0 \tag{4.30}$$

$$\theta_1(t,0) = 0 , \quad \theta_2(t,0) = u(t) \tag{4.31}$$

さて, 伝達関数を求めよう. 式 (4.28), 式 (4.29) について, それぞれ t についてラプラス変換し, 式 (4.30) を代入する. つぎに, x についてラプラス変換し, 式 (4.31) を代入する. 2式をまとめて行列形式で表すと式 (4.32) を得る.

$$\begin{bmatrix} s+p+a_1 & -a_1 \\ -a_2 & rs+p+a_2 \end{bmatrix} \begin{bmatrix} \theta_1(s,p) \\ \theta_2(s,p) \end{bmatrix} = \begin{bmatrix} 0 \\ 1 \end{bmatrix} u(s) \tag{4.32}$$

ここで式 (4.33) の

$$(p+s+a_1)(p+rs+a_2) - a_1 a_2 = 0 \tag{4.33}$$

二つの解を p_1, p_2 とおいて, 式 (4.32) を変形して, p に関して逆ラプラス変換をすると, 入力から各流体の分布状態への伝達特性が求められる.

$$\begin{bmatrix} \theta_1(s,x) \\ \theta_2(s,x) \end{bmatrix} = \frac{1}{p_1-p_2} \begin{bmatrix} a_1(e^{p_1 x} - e^{p_2 x}) \\ (p_1+s+a_1)e^{p_1 x} - (p_2+s+a_1)e^{p_2 x} \end{bmatrix} u(s)$$

出力は第1流体の出口温度 $\theta_1(t,1)$ であるから, 求める伝達関数はつぎのようになる.

$$\theta_1(t,1) = \frac{a_1(e^{p_1} - e^{p_2})}{p_1 - p_2} u(s) \tag{4.34}$$

さて，伝達関数の式 (4.34) の極は分母 $= 0$ となる $p_1 = p_2$ のときであると考えてしまうが，このとき，分子の $a_1(e^{p_1} - e^{p_2})$ もまた 0 となるので，関数が定義されない．したがって，$p_1 = p_2$ となる点は極ではなく，**除去可能な特異点**となる．並流熱交換器の場合も，むだ時間要素や単管熱交換器のように有界な複素平面には極がなく，左半平面の無限遠点 $(-\infty)$ が極となる．

一方，零点は

$$a_1\left(e^{p_1 x} - e^{p_2 x}\right) = 0 \tag{4.35}$$

の根である．p_1, p_2 は s に関する 2 次方程式の解であり，$s \to \infty$ で p_1, $p_2 \to -\infty$ となる．したがって右半平面の無限遠点 (∞) が零点となる．しかし，それだけではなく

$$(p_1 - p_2)x = 2\pi n j, \quad n = 1, 2, 3, \cdots \tag{4.36}$$

も零点になる[†]．

$$p_1 - p_2 = \sqrt{(s + rs + a_1 + a_2)^2 - 4(rs^2 + a_2 s + a_1 rs)}$$

であるから，式 (4.36) に代入して

$$(s + rs + a_1 + a_2)^2 - 4(rs^2 + a_2 s + a_1 rs) + \frac{4\pi n^2}{x^2} = 0$$

を満たす s が零点となる．すなわち式 (4.37) も無限遠点 (∞) とともに零点になる．

$$s = \frac{a_1 - a_2}{r - 1} \pm j \frac{2}{r - 1} \sqrt{a_1 a_2 + \frac{\pi^2 n^2}{x^2}} \tag{4.37}$$

この零点は虚軸に平行な直線上に等間隔で無限個並ぶ．実数部は，定数 (a_1, a_2, r) によって，正にも負にもなりうる．

4.2.4 向流熱交換器

並流熱交換器と流体の流れが逆になる**向流熱交換器**は**図 4.8** で表される．向流熱交換器とは第 2 流体が第 1 流体と反対方向に流れながら，熱交換を行

[†] $n = 0$ は $p_1 = p_2$ であるので除外される．

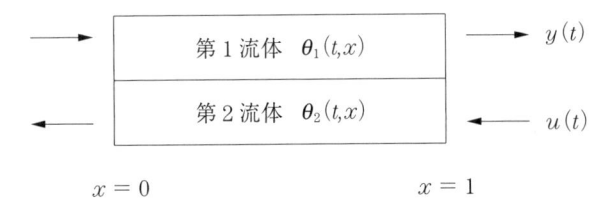

```
          ─→  ┌─────────────────────┐  ──→ y(t)
              │ 第1流体  θ₁(t,x)    │
              │ 第2流体  θ₂(t,x)    │
          ←─  └─────────────────────┘  ←── u(t)
             x = 0               x = 1
```

図 4.8 向流熱交換器

う温度制御システムである．基礎方程式から伝達関数を求めよう．

θ_1 を第1流体の温度分布，θ_2 を第2流体の温度分布，a_1, a_2, r をそれぞれ定数とすると，基礎方程式は次式で与えられる．

$$\frac{\partial \theta_1(t,x)}{\partial t} + \frac{\partial \theta_1(t,x)}{\partial x} = a_1(\theta_2(t,x) - \theta_1(t,x)) \tag{4.38}$$

$$r\frac{\partial \theta_2(t,x)}{\partial t} - \frac{\partial \theta_2(t,x)}{\partial x} = a_2(\theta_1(t,x) - \theta_2(t,x)) \tag{4.39}$$

並流熱交換器との違いは，式 (4.39) の符号である．これは第2流体が並流とは逆に流れるためである．

出力を第1流体の出口温度 $\theta_1(t,1)$，入力を第2流体の入口温度 $\theta_2(t,1)$ とする．

$$\theta_1(0,x) = \theta_2(0,x) = 0 \tag{4.40}$$

$$\theta_1(t,0) = 0, \quad \theta_2(t,1) = u(t) \tag{4.41}$$

伝達関数を求める操作は並流熱交換器と途中まで同じである．式 (4.38), (4.39) について，それぞれ t についてラプラス変換し，式 (4.40) を代入する．つぎに，x についてラプラス変換し，式 (4.41) を代入する．2式をまとめて行列形式で表すと式 (4.42) を得る．

$$\begin{bmatrix} p+s+a_1 & -a_1 \\ a_2 & p-rs-a_2 \end{bmatrix} \begin{bmatrix} \theta_1(s,p) \\ \theta_2(s,p) \end{bmatrix} = \begin{bmatrix} 0 \\ 1 \end{bmatrix} \theta_2(s,0) \tag{4.42}$$

ここで

$$(p+s+a_1)(p-rs-a_2) + a_1 a_2 = 0$$

の二つの解を p_1, p_2 とおけば，式 (4.42) はつぎのように書ける．

$$\begin{bmatrix} \theta_1(s,p) \\ \theta_2(s,p) \end{bmatrix} = \frac{1}{(p-p_1)(p-p_2)} \begin{bmatrix} p-rs-a_2 & a_1 \\ -a_2 & p+s+a_1 \end{bmatrix}$$

$$\times \begin{bmatrix} 0 \\ 1 \end{bmatrix} \theta_2(s,0)$$

$$= \frac{1}{p_1-p_2} \begin{bmatrix} \dfrac{a_1}{p-p_1} - \dfrac{a_1}{p-p_2} \\ \dfrac{p_1+s+a_1}{p-p_1} - \dfrac{p_2+s+a_1}{p-p_2} \end{bmatrix} \theta_2(s,0)$$
(4.43)

これを p について逆ラプラス変換して $x=1$ を代入することで，$\theta_2(s,0)$ が $u(s)$ を含む形で得られる。それを，式 (4.43) に代入して p について逆ラプラス変換すれば，入力 (第 2 流体の入り口温度) から第 1，2 流体への伝達特性 (行列) はつぎのように求められる。

$$\begin{bmatrix} \theta_1(s,x) \\ \theta_2(s,x) \end{bmatrix} = \frac{\begin{bmatrix} a_1(e^{p_1 x} - e^{p_2 x}) \\ (p_1+s+a_1)e^{p_1 x} - (p_2+s+a_1)e^{p_2 x} \end{bmatrix}}{(p_1+s+a_1)e^{p_1} - (p_2+s+a_1)e^{p_2}} u(s)$$

出力は第 1 流体の出口温度 $\theta_1(t,1)$ であるから

$$\theta_1(t,1) = \frac{a_1(e^{p_1}-e^{p_2})}{(p_1+s+a_1)e^{p_1}-(p_2+s+a_1)e^{p_2}} u(s) \tag{4.44}$$

と求められる。

並流熱交換器の伝達関数の式 (4.34) とは p_1，p_2 が異なる点に注意して，極と零点を求められる。

極は解析的には求まらず，つぎの式を満たす複素数 s となる。

$$(p_1+s+a_1)e^{p_1} - (p_2+s+a_1)e^{p_2} = 0 \tag{4.45}$$

この極の配置は遅れ型むだ時間系の鎖状†のように左半平面に可算無限個存在する。

零点も右半平面にはなく，つぎの式で表される。

---
† 概形は遅れ型むだ時間系の極配置に似ているが，一致はしない。

$$s = -\frac{a_1+a_2}{r+1} \pm j\frac{2}{r+1}\sqrt{\left|a_1 a_2 - \frac{\pi^2 n^2}{x^2}\right|}, \qquad n=1,2,3,\cdots \quad (4.46)$$

向流熱交換器の極と零点は，並流熱交換器と大きく異なる (図 **4.9**)。

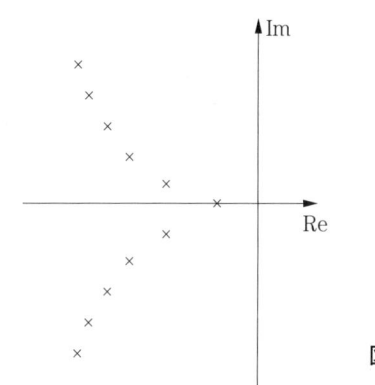

図 4.9 向流熱交換器の極配置

4.2.5 フレキシブルアーム (オイラー–ベルヌーイ梁)

フレキシブルアーム(オイラー–ベルヌーイ(**Euler-Bernoulli**)梁)の伝達関数を求める。

入力は自由端におけるせん断力とする。梁の中心からの変位を $y(t)$，梁の長さを 1 とする。運動方程式ならびに境界条件は以下のようになる。

$$EI\frac{\partial^4 y}{\partial x^4} + \rho A \frac{\partial^2 y}{\partial t^2} = 0 \tag{4.47}$$

$$\left.\begin{array}{l} y(0,t) = 0, \quad \dfrac{\partial y(t,0)}{\partial x} = 0 \\[2mm] \dfrac{\partial^2 y(t,1)}{\partial x^2} = 0, \quad EI\dfrac{\partial^3 y(t,1)}{\partial x^3} = u(t) \end{array}\right\} \tag{4.48}$$

式 (4.47) を t, x についてラプラス変換し，境界条件の式 (4.48) を代入すると

$$y(s,p) = \frac{EI}{\rho A s^2 + EI p^4}\left\{p\frac{\partial^2 y(s,0)}{\partial x^2} + \frac{\partial^3 y(s,0)}{\partial x^3}\right\} \tag{4.49}$$

が得られる。ここで

$$\xi^4 = -\frac{\rho A}{EI}s^2 \tag{4.50}$$

とおいて，部分分数展開して，p に関して逆ラプラス変換を行うと

$$y(s,x) = \frac{1}{2\xi^3}\left[\xi\{\cosh(\xi x) - \cos(\xi x)\}\frac{\partial^2 y(s,0)}{\partial x^2}\right.$$
$$\left. + \{\sinh(\xi x) - \sin(\xi x)\}\frac{\partial^3 y(s,0)}{\partial x^3}\right] \tag{4.51}$$

が得られる。$\partial^2 y(s,0)/\partial x^2$，$\partial^3 y(s,0)/\partial x^3$ を求めるために，式 (4.51) を x に関して 1，2，3 階偏微分を求めて，$x=1$ を代入し，境界条件の式 (4.48) を用いてまとめると

$$\begin{bmatrix}\dfrac{\partial^2 y(s,0)}{\partial x^2}\\ \dfrac{\partial^3 y(s,0)}{\partial x^3}\end{bmatrix} = \frac{-1}{EI\xi\{1+\cosh\xi\cos\xi\}}\begin{bmatrix}\sinh\xi+\sin\xi\\ -\xi\{\cosh\xi+\cos\xi\}\end{bmatrix}u(s)$$

が求められ，これを式 (4.51) に代入することで，伝達関数がつぎのように求められる。

$$y(s,x) = \frac{\text{NUM}(s,x)}{\text{DEN}(s,x)}u(s) \tag{4.52}$$

$$\begin{aligned}\text{DEN}(s,x) &= 2EI\xi^3\{1+\cosh\xi\cos\xi\}\\ \text{NUM}(s,x) &= \{\cosh\xi+\cos\xi\}\{\sinh(\xi x)-\sin(\xi x)\}\\ &\quad - \{\sinh\xi+\sin\xi\}\{\cosh(\xi x)-\cos(\xi x)\}\end{aligned}$$

オイラー－ベルヌーイ梁の極と零点は解析的に求められないが，極，零点ともに虚軸上に存在する (図 **4.10**)。適当な物理量を代入して，収束計算で極を求めてみると原点から近いところから間隔が広くなり，原点から離れたところでは

$$\xi_n \fallingdotseq \pm j\frac{(2n-1)\pi}{2}, \qquad n \geqq 5 \tag{4.53}$$

と近似される。

原点から離れた部分では波動方程式と同様の極の配置になる。式 (4.47) においては減衰を一切考慮していないが，減衰を考慮すると，原点から離れた部分

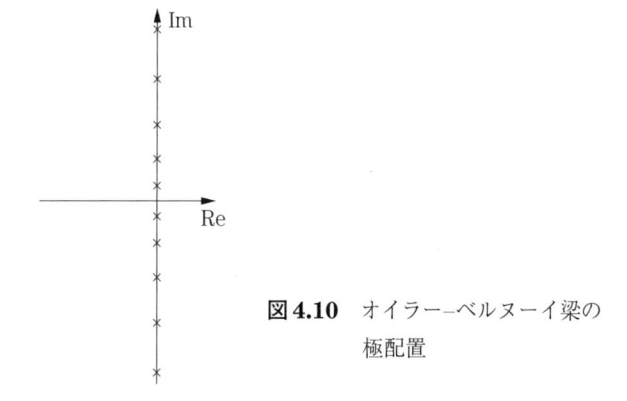

図4.10 オイラー–ベルヌーイ梁の極配置

は虚軸から左側に離れるために減衰が大きくなる。したがって工学的に考えると振動制御で重要となるいわゆる振動モードは，原点近傍であるということに注意する必要がある。

4.2.6 工学的分類の特徴

工学的分類の例を極配置から見てみよう。数学的分類では双曲型分布定数系に分類されるいくつかの例の極配置が大きく異なっていることがわかる。また，共通点としては，無限個並ぶ極の虚軸方向の間隔が，原点から遠いところでは一定になるという共通点がある。

「制御を行う」という立場から，特徴をまとめてみよう。

〔1〕 熱拡散系

極は安定な実軸上のみに存在し，その間隔は広がりながら存在するために，原

───── コーヒーブレイク ─────

オイラー–ベルヌーイ梁の偏微分方程式を求めてみよう。**図4.11**(a) で表される長さ l の一様な断面を持つ梁の曲げを考える。時刻 t における点 x の変位を $u(x,t)$，梁の密度を ρ，梁の断面積を A，縦弾性係数を E，断面2次モーメントを I とすると曲げ剛性は EI となる。$F(t,x)$ をせん断力，$M(t,x)$ を曲げモーメントとし，**図4.11**(a) の長さ dx の部分を考える。

梁の厚さが長さに対して十分に小さい場合，微小部分 dx のつり合いを考える。

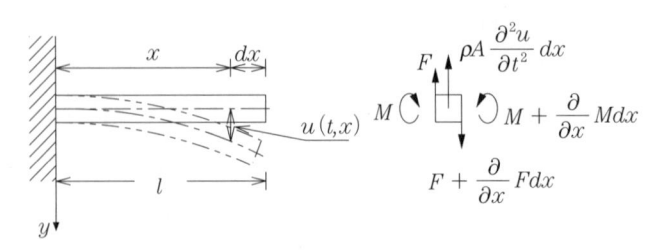

(a) オイラー–ベルヌーイ梁 　　(b) 微小部分のつり合い

図 **4.11**　梁の横振動

y 方向の運動方程式は，**図 4.11** の (b) を参照して

$$\frac{\partial F}{\partial x} - \rho A \frac{\partial^2 u}{\partial t^2} = 0 \tag{4.54}$$

が得られる。また微小部分 dx の重心回りのモーメントのつり合いを考えると

$$-\frac{\partial M}{\partial x} + F dx + \frac{\partial F}{\partial x}\frac{dx^2}{2} = 0 \tag{4.55}$$

となる。

式 (4.55) において，$dx^2/2$ は dx が微小であることから，他の項に比べて無視することができる。曲げモーメントと変位の関係は式 (4.56) と表される。

$$M = -EI\frac{\partial^2 u}{\partial x^2} \tag{4.56}$$

この関係を式 (4.55) に代入して 2 次項を無視すると

$$F = -\frac{\partial}{\partial x}\left(EI\frac{\partial^2 u}{\partial x^2}\right) \tag{4.57}$$

となり，これを式 (4.54) に代入すると運動方程式が得られる。

$$\frac{\partial^2}{\partial x^2}\left(EI\frac{\partial^2 u}{\partial x^2}\right) + \rho A \frac{\partial^2 u}{\partial t^2} = 0 \tag{4.58}$$

はり断面が一様で均質な一様梁では，E, I, ρ は x に無関係に一定であるから，式 (4.58) は

$$EI\frac{\partial^4 u}{\partial x^4} + \rho A \frac{\partial^2 u}{\partial t^2} = 0 \tag{4.59}$$

となる。式 (4.58) が一般の梁の運動方程式で，式 (4.59) が一様梁の運動方程式で**オイラー–ベルヌーイ梁**と呼ばれている。6 章では別の方法で運動方程式を求めている。

点近傍の主要極で系の挙動を代表させることができる。すなわち，実固有値を持つ集中定数系で近似でき，一般にどのような制御法も適用可能である。

〔2〕 **波　動　系**

極は虚軸上を等間隔にならび振動的である。一般に減衰が小さく，高次の振動モードを励起(これを**スピルオーバ**という)させないような制御を施す必要がある。

〔3〕 **輸送型分布系**

開ループ系には有限な範囲で極が存在しない。開ループ系は安定だがフィードバックを行うときはループゲインを上げすぎないように注意が必要である。一般に集中定数系近似が難しく，むだ時間系に近似して，むだ時間系での制御手法が適用可能である。

〔4〕 **向流熱交換器**

遅れ型むだ時間系のような極配置である。原点近傍の主要極を左側に移すような制御法が効果的である。重み付き残差法による集中定数系近似が有効である。

〔5〕 **フレキシブルアーム**

高次モードの極が虚軸に近いために，スピルオーバに気をつけた制御を施す必要がある。また，一般に減衰が小さいので，速度フィードバック制御などの減衰を増やす制御法が有効である。高次モードの減衰が十分な場合には，原点近傍の複素共役根によって集中定数系近似(ばね・マス系)が容易になる。

単純に分布定数系の制御といっても，その系の持つ特徴を理解したうえで，制御方法を決定する必要がある。

4.3　分布定数系の近似

偏微分方程式の数値解法にはいろいろなものがあるが，その中でも**差分法**が線形，非線形ともに普遍的に応用される方法として目立っている。

重み付き残差法は数値解法というよりはむしろ，偏微分方程式の厳密解にある意味で近い関数の形で求める解析的手法と考えることができる。

ここでは，差分法と重み付き残差法についての一般的な議論をする。

4.3.1 差 分 法

偏微分方程式の近似 (数値計算) を行うにあたっては，微分を差分商で置き換えて取り扱うのが広く用いられている。集中定数系の数値計算においても，時間区間を適当な間隔で分割することは普通に行われている。それを空間にまで広げようというものである。ここではごく基礎的な 1 次元の空間の差分化についてのみ触れることにする。

考える空間 ($0 \leq x \leq 1$) を等間隔の差分間隔 h で m 分割する。空間的に連続な状態量の解を求めることが問題であるが，それを離散的な点上でのみ定義された離散的な状態量で表させることが**差分法**の基本的な考え方である。そして，その差分間隔を小さくすることによって，近似の精度を高めようというものである。

いま，実変数 x の関数 $f(x)$ を考える。関数 $f(x)$ の微分を差分間隔 h の差分商で置き換えるためには，x から $\pm h$，$\pm 2h$，$\cdots$ だけ離れた点での関数値を点 x まわりのテイラー展開

$$f(x \pm h) = f(x) \pm h\frac{df}{dx} + \frac{h^2}{2}\frac{d^2 f}{dx^2} \pm \frac{h^3}{6}\frac{d^3 f}{dx^3} + \cdots$$

$$f(x \pm 2h) = f(x) \pm 2h\frac{df}{dx} + h^2\frac{d^2 f}{dx^2} \pm \frac{4}{3}h^3\frac{d^3 f}{dx^3} + \cdots$$

で表し，求める微係数を離散点での値，$f(x)$, $f(x \pm h)$, $\cdots$ を用いて近似を行えばよい。

例えば，1 階微係数 d/dx について一番簡単な差分近似は

$$\frac{df}{dx} = \frac{f(x+h) - f(x)}{h} - \frac{h}{2}\frac{d^2 f}{dx^2} + O(h^2)$$

$$\frac{df}{dx} = \frac{f(x) - f(x-h)}{h} - \frac{h}{2}\frac{d^2 f}{dx^2} + O(h^2)$$

であろう。これらは微係数を差分間隔 h に比例する誤差の範囲で近似してい

る。これらの平均をとれば

$$\frac{df}{dx} = \frac{f(x+h) - f(x-h)}{2h} + O(h^2)$$

となって，近似誤差は h^2 に比例して小さくなる。誤差をもっと小さくするためには $x \pm 2h$ における関数値を用いればよい。すなわち，つぎのようになる。

$$\frac{df}{dx} = \frac{-f(x+2h) + 8f(x+h) - 8f(x-h) + f(x-2h)}{12h} + O(h^4)$$

当然ではあるが，用いる離散点の数を増す，あるいは左右の離散点が同等に寄与するように対称的な差分を用いれば，近似の精度はよくなる。ただし，近似精度を上げるために離散点の数をいたずらに増やしてもそれほど得策ではない場合も多い。

2階の微分 d^2f/dx^2 を差分近似すると，一番簡単で精度がよいものは

$$\frac{d^2f}{dx^2} = \frac{f(x+h) - 2f(x) + f(x-h)}{2h} + O(h^2)$$

があげられる。微分の階数を増やしていくと，用いるべき離散点の数は増え，n 階微分のときには，最低 $n+1$ の点が必要である。

1階の偏導関数の差分を以下にまとめておく。

$$\frac{\partial f(t,x)}{\partial x} \to \frac{f(t,x+h) - f(t,x)}{h} \tag{4.60}$$

$$\frac{\partial f(t,x)}{\partial x} \to \frac{f(t,x) - f(t,x-h)}{h} \tag{4.61}$$

$$\frac{\partial f(t,x)}{\partial x} \to \frac{f(t,x+h) - f(t,x-h)}{2h} \tag{4.62}$$

式 (4.60) は前進差分，式 (4.61) は後退差分，式 (4.62) は対称差分と呼ばれている。一般に空間的な変数の差分は対称差分がよいとされている。

実際に差分法を用いて近似計算をする場合には，近似法の安定性を考慮しなければならない。これは近似する対象によって，また，時間区間の差分幅などによって影響され，難しい問題となっている。

4.3.2 重み付き残差法

x を空間に関する独立変数として,偏微分方程式が領域 D において

$$L[u] = f(x)$$

$$B_i[u] = g_i(x), \quad i = 1, 2, \cdots, p \tag{4.63}$$

のように定式化されているとする。ここで L は微分作用素 (非線形でもよい) で,B_i は適当な個数からなる境界条件,f,g は考えている領域での関数である。

偏微分方程式 (4.63) に対する近似解を 1 次形式

$$\bar{u}(x) = \sum_{j=1}^{N} C_j \zeta_j + \zeta_0 \tag{4.64}$$

で求める。ここで ζ_j,$j = 1, 2, \cdots, N$ はあらかじめ選んだ一組の**試行関数**である。試行関数 ζ_j は通常境界条件を満たすように選ぶ。ここで選んだ試行関数は 1 次独立であり,考えている計算領域で完備†となる一組の関数,$\{\zeta_i\} i = 1, 2, \cdots$ の最初の N 個の関数を表す。**ガレルキン (Galerkin) 法**では,さらに直交関数であると計算が容易になる。

C_j は未定パラメータであり,ζ_j を選ぶときに,一つ以上の変数を含まないようにすると未定関数となる。未定パラメータ C_j は,方程式残差の荷重平均を零にするように決定される。

試行関数は通常境界条件をすべて満たすように選ぶ。簡単な方法は

$$B_i[\zeta_0] = g_i, \quad i = 1, \cdots, p$$

$$B_i[\zeta_j] = 0, \quad i = 1, \cdots, p, \ j \neq 0$$

を満たすように選ぶことである。この場合,近似解 $\bar{u}$ がすべての境界条件を満たすことは明らかである。

1 次近似解 $\bar{u}$ の式 (4.64) をもとの偏微分方程式 (4.63) に代入すると

$$\begin{aligned} R[C, \zeta] &:= f - L[\bar{u}] \\ &= f - L\left[\zeta_0 + \sum_{j=1}^{N} C_j \zeta_j(x)\right] \end{aligned} \tag{4.65}$$

---

† ある関数空間において完備な集合 $\{\zeta_i\}$ とは,直感的には,その空間において $\{\zeta_i\}$ で展開できないような関数が存在しない集合を意味する。

ここで，式 (4.65) で定義した $R[C,\zeta]$ は R が未知パラメータ C と試行関数 ζ に依存していることを示している。$\bar{u}$ が厳密解であれば，$R \equiv 0$ である。重み付き残差法では，R がなんらかの意味で小さいものがよい近似として評価される。

残差 R が小さいという意味は，重み関数 $W_k(k=1,2,\cdots,N)$ に関して，R の荷重平均が零になることである。

$$\int_D W_k R dD = 0 , \qquad k=1,2,\cdots,N$$

この条件から，もし近似解が式 (4.64) のように 1 次形式で選ばれるならば，C_j に対する N 個の代数方程式が得られる[†]。C_j が未知関数であるならば，一般に微分方程式となる。

重み関数の選び方には以下に示すようにさまざまなものがある。

〔1〕 ガレルキン法

ガレルキン法では重み関数を

$$W_k = \zeta_k$$

と選ぶ。ただし，ζ_k は試行関数であり，完備で直交関数である。

$$\int_D \zeta_k R dD = 0 , \qquad k=1,2,\cdots,N$$

〔2〕 部分領域法

領域 D を必ずしも互いに素でない N 個の部分領域に分割し，重み関数は

$$\begin{cases} W_k(D_k) = 1 \\ W_k(D_j) = 0, \qquad j \neq k \end{cases}$$

と選ぶ。

〔3〕 選 点 法

領域 D 上の N 個の点，例えば $p_i, i=1,2,\cdots,N$ を選び

$$W_k = \delta(p - p_k)$$

とする。ここで δ は $p = p_k$ を除いていたるところで零であり

$$\int_D \delta(p - p_k) R dD = R(p_k)$$

[†] もとの偏微分方程式が (非) 線形ならば (非) 線形になる。

の性質を持つ単位インパルスを表している。

〔4〕 モーメント法

モーメント法では R の最初の N 次モーメントを零にすることで, $W_k = P_k(\bar{x})$ と選ぶ。

$$\iint_D P_k(\bar{x}) R dD = 0$$

ここで, $P_k(\bar{x})$ は領域 D 上のベクトル $\bar{x}$ の直交多項式である。

〔5〕 最小2乗法

C_j についての連立 N 次元方程式を求めるために, 残差の2乗積分を未知パラメータに関して最小にする。

$$\frac{\partial}{\partial C_k} \int_D R^2 dD = 2 \int_D \frac{\partial R}{\partial C_k} R dD = 0, \quad k = 1, 2, \cdots, N$$

この式から, $W_k = \partial R / \partial C_k$ である。

重み付き残差法の中で, ガレルキン法がよい結果を示すことが経験的に知られている。もし, 試行関数が完全系であるならば, $N \to \infty$ で厳密解になる。

********** 演 習 問 題 **********

【1】 式 (4.8) から双曲線関数の演算を用いて, 熱伝導方程式の伝達関数式 (4.11) を求めよ。

【2】 外部との熱の交換がある場合の熱伝導方程式は

$$\frac{\partial \theta(t,x)}{\partial t} = a^2 \frac{\partial^2 \theta(t,x)}{\partial x^2} - h\theta(t,x)$$

と表される。

初期値, 境界条件を式 (4.4), (4.5) としたときの伝達関数を求めよ。

5 輸送型分布定数系

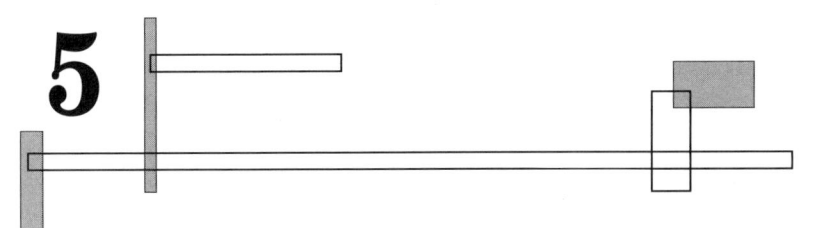

　本章では，輸送型分布定数系の中の単管熱交換器と向流熱交換器について，近似方法と制御方法を紹介する。理論だけでは抽象的になりやすい分布定数系の制御を理解するうえで，具体例は有益であろう。

　単管熱交換器はむだ時間要素と似ていることを，4章で示した。そこで，ここではむだ時間系への近似法 (漸近近似) を示す。むだ時間系に近似できると，スミス法や内部モデル制御などが適用できる。

　向流熱交換器は，固有関数展開を用いることで部分極配置法†が可能になることから，重み付き残差法を用いた分布状態推定から状態フィードバック制御の構成方法を紹介する。

5.1　単管熱交換器

　工学的分類では，単管熱交換器を模式的に表し，基礎方程式と伝達関数を求めた。ここではもう少し実際的な基礎方程式を求めて，漸近近似法を用いてむだ時間系へと近似する。

　この装置はヒーターより吹き出される温風の温度を調節して管の出口温度を制御することを目的とする。管自体に熱容量が存在し，管内を流れる流体と管をへだてて管の外との間に熱交換があるために単管熱交換器と呼ばれる。

---

† すべての極ではなく，指定した一部の極を極配置する方法。

5.1.1 単管熱交換器のダイナミクス

単管熱交換器の壁の熱容量も考慮した形で,単管部をモデル化する。

基礎方程式を解くにあたり,単管部の概略図を**図 5.1** のようにモデル化し,つぎのような仮定を設定する。

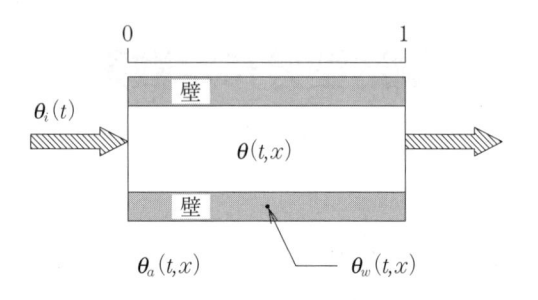

図 5.1 単管部の概略図

1. 流体内の軸方向の熱伝導はない。
2. 流体内の半径方向の温度分布はなく,一様である。
3. 流体密度,比熱は一定である。
4. 壁の密度,比熱は一定である。
5. 壁の軸方向の熱伝導はない。
6. 壁の半径方向の温度分布はなく,一様である。
7. 外気温度は時間だけの関数で,距離に関しては一様である。

以上の仮定に基づき,基礎方程式はつぎのように求められる[35]。

ただし,時間に関しては,管路内における流体の滞留時間を 1 とし,距離に関しては管路全体を 1 として,時間と距離それぞれに,無次元時間 t と無次元距離 x に変換を行う。

$$\frac{\partial \theta(t,x)}{\partial t} + \frac{\partial \theta(t,x)}{\partial x} = a_1 \{\theta_w(t,x) - \theta(t,x)\} \tag{5.1}$$

$$\frac{\partial \theta_w(t,x)}{\partial t} = b_1 \{\theta(t,x) - \theta_w(t,x)\} + b_2 \{\theta_a(t,x) - \theta_w(t,x)\} \tag{5.2}$$

式 (5.1) は,管内の微小部分についての式であり,式 (5.2) は,壁の熱につい

ての式である. ただし各パラメータ a_1, b_1, b_2 は, 熱伝達率〔kj/m²h°C〕, 比熱〔kj/kg°C〕, 比重量〔kg/m²〕, 流速〔m/h〕などから定められる定数である.

つぎに伝達関数を求める.

基礎方程式 (5.2) を t に関して演算子 s, x に関して演算子 p としてラプラス変換して, 行列表現すると式 (5.3) となる.

$$\begin{bmatrix} s+p+a_1 & -a_1 \\ -b_1 p & p(s+b_1+b_2) \end{bmatrix} \begin{bmatrix} \theta(s,p) \\ \theta_w(s,p) \end{bmatrix} = \begin{bmatrix} \theta_i(s) \\ b_2 \theta_a(s) \end{bmatrix} \quad (5.3)$$

また, 式 (5.3) を変形して, p について逆ラプラス変換する.

$$\begin{bmatrix} \theta(s,x) \\ \theta_w(s,x) \end{bmatrix} = \frac{1}{s+b_1+b_2} \cdot$$

$$\begin{bmatrix} (s+b_1+b_2)e^{-p_1 x} & \dfrac{-a_1}{p_1}(e^{-p_1 x}-1) \\ b_1 e^{-p_1 x} & e^{-p_1 x} - \dfrac{s+a_1}{p_1}(e^{-p_1 x}-1) \end{bmatrix} \begin{bmatrix} \theta_i(s) \\ b_2 \theta_a(s) \end{bmatrix} \quad (5.4)$$

ただし

$$p_1 = \left\{ s + \frac{a_1(s+b_1)}{s+b_1+b_2} \right\}$$

とする. ここで, 式 (5.4) において, $\theta_a(s)=0$ とすると入口温度変化に対する出口温度変化を表す伝達関数が導かれる.

$$\frac{\theta(s,x)}{\theta_i(s)} = G(s) = e^{-\left\{s + \dfrac{a_1(s+b_1)}{s+b_1+b_2}\right\} x} \quad (5.5)$$

式 (5.5) は指数関数であるから一見むだ時間系のように見えるが, 壁の熱容量を考慮してモデル化してあるため, 指数の部分に s に関する分数が存在する. ここが分布定数系を表す特徴となっている. このモデルには有限の複素平面に真性特異点が存在するために, 根軌跡は特徴的な変化をする[35]).

5.1.2 輸送型分布定数系とむだ時間系

式 (5.5) のような伝達関数においては, その性質は分布定数系でありながら,

むだ時間系の特徴もあわせ持っていると考えられる。このような制御対象に対してただ集中定数系近似を行っても，よい制御性能は一般に得られない。この分布定数系は (むだ時間) + (有理伝達関数) へ近似することが自然であると考えられる。

このような近似法として**漸近近似法**が知られている。これは距離に関する逆ラプラス変換において，$a \pm b\sqrt{(s+\alpha)^2 \pm \beta^2}$ の形が現れたときの近似法で，高周波域では漸近的に近似が成立し，低周波域では適当な有理伝達関数によって近似を補正しようというものである。

ここでは単純に $s \to \infty$ とすると，近似伝達関数 (5.6) が求められる。

$$G'_a(s) = e^{-(s+a_1)x} \tag{5.6}$$

しかしながらこの近似は，高周波域では精度がよいが，定常状態はうまく表現できない。そこで高周波域では $G(s) \to G'_a(s)$ の特性を保ち，$s \to 0$ では元の特性 $G(s)$ に一致するような補正を行う。この補正項として最も簡単な型は

$$G_0(s) = \frac{m + Ts}{1 + Ts} \tag{5.7}$$

である。ここで m は低周波域での補正項で，T は中間周波数域の調整パラメータである。$s \to 0$ で特性が一致するためには

$$m = \frac{G(0)}{G'_a(0)} = \frac{e^{-\frac{a_1 b_2}{b_1 + b_2}x}}{e^{-a_1 x}} \tag{5.8}$$

が得られ，よって管部の近似伝達関数は

$$G_a(s) = \frac{m + Ts}{1 + Ts} e^{-a_1 x} \cdot e^{-xs} \tag{5.9}$$

となる。

式 (5.9) はむだ時間 + 集中定数系という形をしている。ここで考えている壁の影響は補正項に含まれる形になる。

式 (5.9) のように分布定数系の伝達関数から有理関数とむだ時間の形に変形することはできたが，近似から生じる誤差が大きければこのモデルを使用することは望ましくない。そこで，式 (5.5) で表される厳密解と近似伝達関数の違いを調べる指標として周波数応答特性を利用することにする。

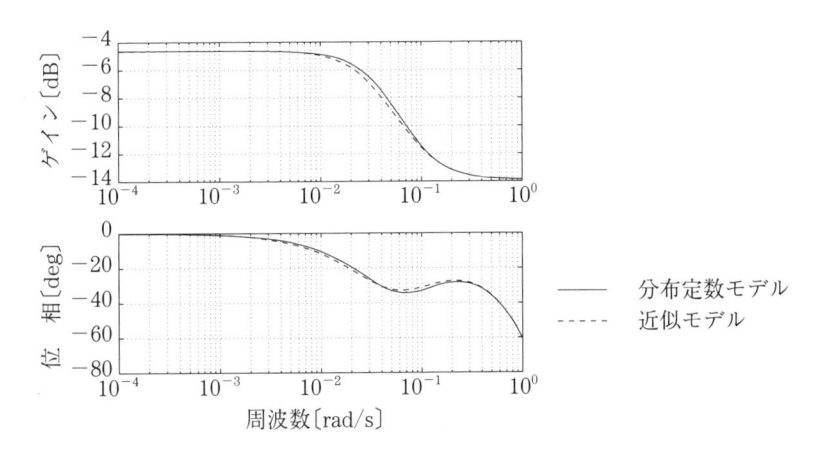

図 5.2 分布定数系と漸近近似系のボード線図

図 5.2 には $a_1 = 1.6$, $b_1 = 0.02$, $b_2 = 0.04$, $x = 1$, $T = 31$ としたときのボード線図を示す[†]。

図 5.2 から周波数応答特性は厳密解のそれと比べて低周波域と高周波域で一致していることがわかる。中周波域において壁の影響と思われるくぼみが存在し，この部分での誤差が生じている。しかしこの差がわずかであるうえに制御対象である熱交換器が低周波域で使用されるということから，近似によって得られた伝達関数を実プラントの伝達関数として扱うことが可能であるといえる。

パラメータの同定は物理量から決定しても誤差が大きい。システム同定の手法を用いることはむだ時間を含む非最小位相系では一般に難しい。十分に低周波からの周波数応答を行い，パラメータを確定することがこのような分布定数系には必要になる。

5.1.3 制御実験結果

単管熱交換器に IMC 制御，2 自由度 IMC 制御，スミス法の各制御法を適用させ，外乱入力応答実検結果を示す。

[†] この値は銅管 JIS-3300 C1220T，長さ 3.9 m，内径 30 mm，厚み 1 mm から求めた。

〔1〕 設計の指針

スミス法のコントローラとしては PI コントローラを使用するのが一般的である．立上りを速くしようと比例ゲインを大きくすると，モデル誤差，特にむだ時間の誤差から振動的になってしまうことに注意が必要である．

つぎに IMC 制御については，前述した通り (2.2.2 項内部モデル制御) 調整パラメータは一つであり，IMC フィルタの時定数 b が小さいときは速応性に優れるがその反面過敏な反応を示し，オーバーシュート†とむだ時間の影響による振動を生じさせる原因となる．逆に b の値が大きいときには応答が緩やかとなるため，外乱やモデル誤差の影響を受けにくい．

ここで適当な b の値はステップ応答の時定数から調整できる．IMC フィルタの時定数を制御対象の時定数と同じにすると，外乱などが印加されたときにのみフィードバックの効果が現れる．したがって，立上りを速くするためには，制御対象の時定数よりも少し小さめの IMC フィルタ時定数を選べばよい．さらに詳しく評価するためには，目標値と実際の応答との誤差面積を用いることが一つの方法である．

コントローラの設計という面では，モデルの決定がただちにコントローラの設計に結び付く IMC 制御に対して，スミス法では PI コントローラのゲインを選定という煩わしさはあるが，モデル誤差を PI コントローラで補正することが可能である．

〔2〕 外乱応答実験

定常状態になっているところにステップ状の外乱を加えた外乱応答実検結果を紹介しよう．モデルは分布定数系を近似したむだ時間系を用いている．

1. スミス法：スミス法に使用した PI コントローラにおいて外乱の影響をなるべく早く除去したい場合，各ゲインを大きくすればよいのだが，設計指針で述べたように，わずかな違いにより応答が振動的になる．そのためスミス法においても過渡特性と定常特性の両者が折り合いのつくゲインを探す必要があ

---

† オーバーシュートは入力の飽和の影響でも生じる．これを Windup という．IMC 制御の場合，モデルに飽和要素を付加することで防ぐことができる．

図 5.3　外乱入力応答

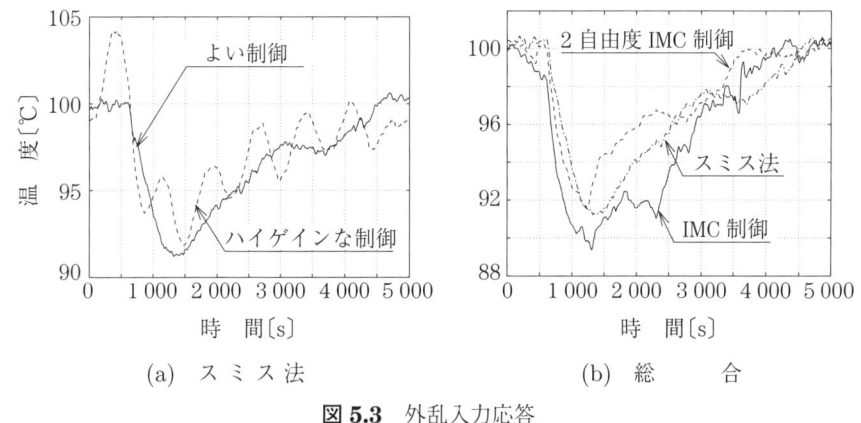

(a) スミス法

(b) 総合

る (図 5.3(a))。

2. 総合評価：図 5.3(b) に各制御法を使用した実験から得られる応答を重ねて示す。この図で重ねた波形は，各制御法における最もよい外乱入力応答ではなく，目標値応答実験において最もよい応答を示した調整パラメータの値を使用した際の実験結果である。

2 自由度 IMC 制御がこの場合最もよくなった。これは IMC 制御の構造によるものではなく 2 自由度制御系の効果にほかならないが，IMC 制御においてもその効果が確認できる。

5.2　向流熱交換器

5.2.1　熱交換器のダイナミクス

熱交換器内部の管路は**図 5.4** に示されるように，薄膜 (熱交換面) で仕切られており，内部は二つの流体で満たされている。2 流体は，熱交換器内部で熱交換面を通し，互いに熱交換を行う。熱交換器内部および端点には，各流体それぞれ複数個のセンサが配置されている。2 流体の状態は無次元化された距離 $l(0 \leq l \leq 1)$ および時間 t を内部変数として持ち，熱交換器内の温度分布をそれぞれ $\theta_1(t,l)$，$\theta_2(t,l)$ と表す。熱交換器の状態ベクトルを

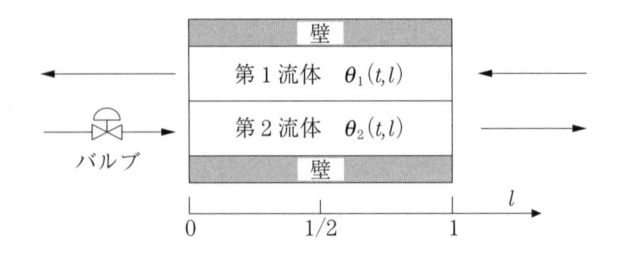

図 5.4 熱交換器内部の管路

$$\theta(t,l) := \begin{bmatrix} \theta_1(t,l) \\ \theta_2(t,l) \end{bmatrix} \tag{5.10}$$

と定義し，操作量を第2流体の流量として線形化すると，制御対象はつぎの偏微分方程式

$$\frac{\partial}{\partial t}\theta(t,l) = A_0 \frac{\partial}{\partial l}\theta(t,l) + A_1\theta(t,l) + B(l)u(t) \tag{5.11}$$

境界条件：$\theta_1(t,1) = \theta_2(t,0) = 0$ (5.12)

で記述される．熱交換器に与えられる入力が影響関数 $B(l)$ を介した分布入力になっているのは，流量操作弁による流量の変化量を操作量とする場合，流量変化が流体間における熱伝達係数の変化を引き起こし，入熱量の変化が熱交換面の全体に渡って生じるからである[†]．いまの場合は指数関数型の影響関数になる．

適当な物理パラメータから開ループ固有値をプロットしたものが，**図 5.5** で

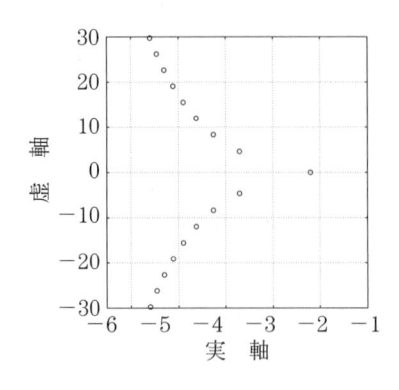

図 5.5 向流熱交換器開ループ固有値

[†] 厳密には入力と状態がかけ合わされた双線形系になる．

ある。

5.2.2 重み付き残差法による状態推定

分布定数系に対して，状態フィードバック則を実現するためには，分布状態を知る必要がある。そのすべての分布状態をセンサによって観測することは不可能であるため，流体内に取り付けられたいくつかのセンサを用いて，分布状態に対する観測器を構成する必要がある。多くの場合，分布定数系を記述している偏微分方程式を差分法を用いて近似するが，よい近似を得るにはかなりの分割数が必要で，計算上さまざまな問題を引き起こすことになる。

向流熱交換器に対して，重み付き残差法を用いることによって，差分法よりはるかに少ない分割数で系を十分近似することができ，熱交換器のシミュレーションに対しては，重み付き残差法は有効であり，以下のことが示されている[36]。

1. 重み付き残差法は差分法よりはるかに少ない分割数で系を十分近似することができ，熱交換器のシミュレーションに対しては，重み付き残差法では分割数を 3 ないしは 6 くらいとれば十分である。

2. 系にフィードバックを行った場合の安定領域での比較によれば，差分法と重み付き残差法との差は顕著で，差分法では分割数を大きくしてもなお安定領域を大きく見積もりすぎることがある。

3. 重み付き残差法では分割数が小さいときでも低周波数領域はよく近似し，分割数が増加するに従って近似できる周波数範囲が高周波数領域に広がっていくが，差分法では一様に誤差が出る。

このような考察結果から，集中定数系近似手法としての重み付き残差法を用いてオブザーバを構成して，分布状態を観測することにする。

分布状態 $\{\theta_i(t,l); i=1,2,\cdots,n\}$ に対応した数の互いに 1 次独立な試行関数 $\{\zeta_{ij}(l); j=1,2,\cdots,N\}$ を用いて，偏微分方程式系の式 (5.11) の解を式 (5.13) のような N 次の常微分方程式系によって近似する。

$$\check{\theta}_i(t,l) = \sum_{j=1}^{N} x_{ij}(t)\zeta_{ij}(l), \quad x_{ij} \in R, \zeta_{ij} \in R, i=1,2,\cdots,n \quad (5.13)$$

試行関数 $\zeta_{ij}(l)$ の添字 i は,分布状態 θ の i 行目に含まれる分布状態 θ_i に対してのみ設定される試行関数を意味しており,与えられた $\{\zeta_{ij}(l); i=1,2,\cdots,n\}$ がある j に対して1次独立である必要はない。

式 (5.13) に関して,$\check{\theta}(t,l) := \begin{bmatrix} \check{\theta}_1(t,l) & \check{\theta}_2(t,l) & \cdots & \check{\theta}_n(t,l) \end{bmatrix}^T$ は近似された状態量,N は差分法においては分割数と呼ばれる展開数に対応した近似の次数である。いま

$$A_0 := \begin{bmatrix} A_{011} & A_{012} & \cdots & A_{01n} \\ A_{021} & A_{022} & \cdots & A_{02n} \\ \vdots & \vdots & \ddots & \vdots \\ A_{0n1} & A_{0n2} & \cdots & A_{0nn} \end{bmatrix}$$

$$A_1 := \begin{bmatrix} A_{111} & A_{112} & \cdots & A_{11n} \\ A_{121} & A_{122} & \cdots & A_{12n} \\ \vdots & \vdots & \ddots & \vdots \\ A_{1n1} & A_{1n2} & \cdots & A_{1nn} \end{bmatrix}$$

$$B(l) := \begin{bmatrix} B_{11}(l) & B_{12}(l) & \cdots & B_{1m}(l) \\ B_{21}(l) & B_{22}(l) & \cdots & B_{2m}(l) \\ \vdots & \vdots & \ddots & \vdots \\ B_{n1}(l) & B_{n2}(l) & \cdots & B_{nm}(l) \end{bmatrix}$$

$$u(t) := \begin{bmatrix} u_1(t) \\ u_2(t) \\ \vdots \\ u_m(t) \end{bmatrix} \tag{5.14}$$

とする。このとき,式 (5.11) の分布的な変数 θ の代わりに,$\check{\theta}$ を用いて近似し

たために生じる残差は

$$E_i(t,l) = \frac{\partial}{\partial t}\check{\theta}_i(t,l) - \sum_{j=1}^{n} A_{0ij}\frac{\partial}{\partial l}\check{\theta}_j(t,l)$$
$$- \sum_{j=1}^{n} A_{1ij}\check{\theta}_j(t,l) - \sum_{j=1}^{m} B_{ij}(l)u_j(t) \qquad (5.15)$$

である。その残差に対して，重み関数 $\{W_{ij}(l)\}$ を用いてつぎの直交条件

$$\begin{cases} \int_0^1 W_{ij}(l)E_k(t,l)dl = 0 & (5.16) \\ \int_0^1 W_{ij}(l)\left(\check{\theta}_k(0,l) - \theta_k(0,l)\right)dl = 0 & (5.17) \end{cases}$$

$$W_{ij}(l) \in R, i = 1,2,\cdots,n\ ,\ j = 1,2,\cdots,N\ ,\ k = 1,2,\cdots,n$$

を与えることによって，式 (5.16) から x についての常微分方程式が得られ，式 (5.17) からは x の初期値を得る。

ガレルキン法を用いて，試行関数を正規直交系に選ぶと，式 (5.16) から得られる x についての常微分方程式は，つぎのような線形状態方程式の形として導出することができる。

$$\dot{x}(t) = Ax(t) + Bu(t) \qquad (5.18)$$

重み付き残差法によって得られた集中定数系の状態量 $x(t)$ は，一般化フーリエ係数であり，分布系熱交換器の持つ物理量，いまの場合ならば，θ と対応しない状態量になってしまう。差分法ではこのようなことは起こらない。

この問題を解決するために，重み付き残差法による近似系の出力と分布系熱交換器に取り付けられたセンサから得られる出力が，等しくなるような出力行列を求めることを考える。

図 5.4 に示したように，各流体 $l_1, l_2, \cdots, l_M$ の位置に取り付けられたそれぞれ M 個のセンサから得られる出力 $y(t)$ は

$$y^T(t) = \begin{bmatrix} \theta_1(t,l_1) & \theta_1(t,l_2) & \cdots & \theta_1(t,l_M) & \theta_2(t,l_1) & \theta_2(t,l_2) & \cdots & \theta_2(t,l_M) \end{bmatrix}^T \qquad (5.19)$$

である。分布系熱交換器の式 (5.11) の状態量は 2 次であるから，重み付き残差

法による分布状態の展開式 (5.13) を用いると，近似された分布状態は

$$\check{\theta}_1(t,l) = \sum_{j=1}^{N} x_{1j}(t)\zeta_{1j}(l) \tag{5.20}$$

$$\check{\theta}_2(t,l) = \sum_{j=1}^{N} x_{2j}(t)\zeta_{2j}(l) \tag{5.21}$$

となる。式 (5.20)，式 (5.21) は，状態量 $x(t)$ および試行関数を用いた行列値関数 $\zeta(l)$ によって

$$x(t) = \begin{bmatrix} x_{11}(t) \\ x_{12}(t) \\ \vdots \\ x_{1N}(t) \\ \hdashline x_{21}(t) \\ x_{22}(t) \\ \vdots \\ x_{2N}(t) \end{bmatrix}, \; \zeta^T(l) = \begin{bmatrix} \zeta_{11}(l) & & \\ \zeta_{12}(l) & 0 & \\ \vdots & & \\ \zeta_{1N}(l) & & \\ \hdashline & \zeta_{21}(l) \\ & \zeta_{22}(l) \\ & 0 & \vdots \\ & & \zeta_{2N}(l) \end{bmatrix}^T \tag{5.22}$$

$$\check{\theta}(t,l) := \begin{bmatrix} \check{\theta}_1(t,l) \\ \check{\theta}_2(t,l) \end{bmatrix}$$

$$= \zeta(l)x(t) \tag{5.23}$$

と書き直すことができる。試行関数を用いて観測行列 C を

$$C := \begin{bmatrix} \zeta_{11}(l_1) & \cdots & \zeta_{1N}(l_1) & & & \\ \vdots & \ddots & \vdots & & 0 & \\ \zeta_{11}(l_M) & \cdots & \zeta_{1N}(l_M) & & & \\ \hdashline & & & \zeta_{21}(l_1) & \cdots & \zeta_{2N}(l_1) \\ & 0 & & \vdots & \ddots & \vdots \\ & & & \zeta_{21}(l_M) & \cdots & \zeta_{2N}(l_M) \end{bmatrix} \tag{5.24}$$

と定義すると，集中化近似された常微分方程式 (5.18) の状態 x に対する出力方程式

$$y(t) = Cx(t) \qquad (5.25)$$

を得る．状態量 $x(t)$ の推定値を $\hat{x}(t)$ として線形集中定数系のオブザーバを構成することにより，得られた $\hat{x}(t)$ と式 (5.23) の関係から分布状態は

$$\hat{\theta}(t, l) = \zeta(l)\hat{x}(t) \qquad (5.26)$$

によって推定され，分布状態観測器が構成された．

5.2.3 固有関数展開によるフィードバック則

従来の近似法では，分布定数系全体に対してなんらかの近似手法を用いて集中化することによって制御則を与える場合がほとんどであった．しかし，固有関数展開を用いることによって，近似を用いることなく分布定数系に対して制御則を構成することができる．この手法は分布定数系の持つ無限個のモードを有限個のモードの集中定数系に近似するのではなく，システムの主要極に対応する集中定数部分を抜き出すことによって，集中定数系の設計理論を用いて制御系を設計する手法である．

システムの持つ無限個の極のうち有限極のみを任意に配置する部分極配置法[38),40)]を用いて状態フィードバック則を考える．その状態フィードバック則は，無限次元で表される分布定数系の状態空間を**固有関数展開**を用いて有限次元の部分空間とその他の無限次元の空間に分解することによって実現できる．

〔1〕 **固有関数展開による極配置**

固有関数展開を用いるために，有限次元系でいうところの固有値と固有ベクトルの関係を明確にしておく．分布定数系の固有値と固有関数の議論は偏微分方程式よりも作用素を用いたほうが集中定数系との対応から理解しやすいと思われるので，理論的な説明の部分には作用素表現を用いることにする．

式 (5.28) で定義される作用素を用いると，制御対象は式 (5.27) の作用素方程式で記述される．ここで，$A_0, A_1 \in R^{n \times n}$，$B \in R^{n \times m}$ は定数行列である．

$$\frac{\partial}{\partial t}\theta(t,l) = \mathcal{A}\theta(t,l) + B(l)u(t) \tag{5.27}$$

$$\mathcal{A}\theta(t,l) := A_0\frac{\partial}{\partial l}\theta(t,l) + A_1\theta(t,l) \tag{5.28}$$

ヒルベルト (Hilbert) 空間 $L^2([0,1], C^n)$ の内積を

$$\langle f, g \rangle := \int_0^1 f^*(l)g(l)dl \tag{5.29}$$

と定義し，制御対象の式 (5.27) に対して固有値問題を考える．固有値方程式は

$$\mathcal{A}\phi(l) = \lambda\phi(l) \tag{5.30}$$

$$\mathcal{D}(\mathcal{A}) = \left\{\phi_i; \frac{d\phi_i}{dl} \in L^2([0,1], C^n), D_1\phi_i(0) + D_2\phi_i(1) = 0\right\} \tag{5.31}$$

によって記述される．系の式 (5.27) はラプラス変換可能であることと，$\mathcal{A}$ が可分なヒルベルト空間上の稠密な定義域 $\mathcal{D}(\mathcal{A})$ を持つ閉作用素であることから，式 (5.30) に対して作用素 $\mathcal{A}$ の可算無限個の固有値 $\{\lambda_i\,;\,i=1,2,\cdots\}$ とその固有値に対応する固有関数が存在し，固有関数系 $\{\phi_i\,;\,i=1,2,\cdots\}$ はヒルベルト空間において完全正規直交系をなす．

系の式 (5.27) の固有値 λ_i と同じ固有値を持つ共役系の固有関数 ϕ_i は

$$\langle \mathcal{A}\phi_i, \psi_i \rangle := \langle \phi_i, \mathcal{A}^*\psi_i \rangle \tag{5.32}$$

となる共役作用素 $\mathcal{A}^*$ によって定義される．式 (5.32) は

$$\begin{aligned}\langle \mathcal{A}\phi_i, \psi_i \rangle &= \int_0^1 \left(A_0\dot{\phi}(l) + A_1\phi(l)\right)^* \psi(l)dl \\ &= \int_0^1 \phi^*(l)\left(-A_0^T\dot{\psi}(l) + A_1^T\psi(l)\right)dl + \left[\phi^*(l)A_0^T\psi(l)\right]_0^1\end{aligned} \tag{5.33}$$

であるから，共役系の固有値方程式はつぎのように求められる．

$$\mathcal{A}^*\psi_i(l) = \lambda_i\psi_i(l) \tag{5.34}$$

$$= -A_0^T\frac{d}{dl}\psi_i(l) + A_1^T\psi_i(l) \tag{5.35}$$

ここで，境界条件は

$$\text{rank}\begin{bmatrix} D_1 & D_2 \\ -\psi_i^*(0)A_0 & \psi_i^*(1)A_0 \end{bmatrix} = n \tag{5.36}$$

によって与えられる．固有関数 ϕ_i および ψ_j はつぎの直交条件

$$\langle \phi_i, \psi_j \rangle = \delta_{ij} \tag{5.37}$$

を満たし，正規化可能である．

固有関数系 $\{\phi_i\,;\,i=1,2,\cdots\}$ はヒルベルト空間において完全正規直交系をなすことから，つぎのように固有関数展開できる．

$$\theta(t,l) = \sum_{i=1}^{\infty} h_i(t)\phi_i(l) \tag{5.38}$$

$$b_i(l) = \sum_{j=1}^{\infty} b_{ij}\phi_j(l) \quad,\quad b_{ij} = \langle b_i(l), \psi_j(l)\rangle \tag{5.39}$$

ただし，$h_i(t)$ はスカラーの展開係数，影響関数 $b_i(l)$ は影響関数

$$B(l) := \begin{bmatrix} b_1(l) & b_2(l) & \cdots & b_m(l) \end{bmatrix} \tag{5.40}$$

の i 列目のベクトル値関数である．分布入力として，系の式 (5.27) に対してつぎのような積分フィードバック則

$$\begin{aligned} u(t) &= \sum_{i=1}^{L} k_i \langle \psi_i(l), \theta(t,l)\rangle \\ &= \int_0^1 \sum_{i=1}^{L} k_i \psi_i^*(l)\theta(t,l)dl \end{aligned} \tag{5.41}$$

を与える．ここで，$k_i \in C^m (i=1,2,\cdots,L)$ は，定数ゲインベクトルである．式 (5.40) より，影響関数はつぎのように展開され

$$\begin{aligned} B(l) &= \begin{bmatrix} \sum_{j=1}^{\infty} b_{1j}\phi_j & \sum_{j=1}^{\infty} b_{2j}\phi_j & \cdots & \sum_{j=1}^{\infty} b_{mj}\phi_j \end{bmatrix} \\ &= \sum_{j=1}^{\infty} \phi_j B_j \end{aligned} \tag{5.42}$$

$$B_j := \begin{bmatrix} b_{1j} & b_{2j} & \cdots & b_{mj} \end{bmatrix} \tag{5.43}$$

式 (5.38), (5.41), (5.42) を式 (5.27) に代入すると，固有関数の 1 次独立性より

$$\dot{h}_i(t) - \lambda_i h_i(t) - B_i \sum_{j=1}^{L} k_j h_j(t) = 0, \qquad i = 1, 2, \cdots \quad (5.44)$$

を得る。系の式 (5.44) の最初の L 個の状態からなる部分系の固有値は，ゲイン行列 $\{k_j\,;\,j=1,2,\cdots,L\}$ を選択することによって任意の位置に配置できる。また，明らかに式 (5.41) のフィードバック則によって残りの固有値は不変である。

また，$\Psi(l), K \in C^{m \times L}$ をそれぞれ

$$\Psi(l) := \left[\begin{array}{cccc} \psi_1(l) & \psi_2(l) & \cdots & \psi_L(l) \end{array} \right] \quad (5.45)$$

$$K := \left[\begin{array}{cccc} k_1 & k_2 & \cdots & k_L \end{array} \right] \quad (5.46)$$

とすると，式 (5.41) のフィードバック則は

$$u(t) = K \int_0^1 \Psi^*(l)\theta(t,l)dl \quad (5.47)$$

となる[†]。

以上のことをまとめると，つぎのようにいうことができる。式 (5.27) によって示される分布定数系に対して式 (5.47) の状態フィードバック則を与えると，系の最初の L 個の状態からなる部分系の固有値はゲイン行列 K によって任意の位置に配置され，その他の加算無限個の固有値は移動しない。

〔2〕 **固有関数展開による部分系の導出**

固有関数によってヒルベルト空間をいくつかの部分空間に分割することが可能であることから，固有関数のうち最初の L 個 $(\phi_1, \phi_2, \cdots, \phi_L)$ からなる部分系は，その部分系の固有値 $\{\lambda_i\,;\,i=1,2,\cdots,L\}$ およびそれに対応する固有関数 $\{\psi_i(l)\,;\,i=1,2,\cdots,L\}$ の 1 次独立性を用いて，有限次元系としてつぎのように書き表すことができる。

[†] 分布定数系の状態フィードバックは，このように空間部分を積分した形になる。むだ時間系では，むだ時間区間を積分したフィードバック則になることに相当している。

$$\begin{bmatrix} \dot{h}_1(t) \\ \dot{h}_2(t) \\ \vdots \\ \dot{h}_L(t) \end{bmatrix} = \begin{bmatrix} \lambda_1 & 0 & \cdots & 0 \\ 0 & \lambda_2 & \cdots & 0 \\ \vdots & \vdots & \ddots & \vdots \\ 0 & 0 & \cdots & \lambda_L \end{bmatrix} \begin{bmatrix} h_1(t) \\ h_2(t) \\ \vdots \\ h_L(t) \end{bmatrix} + \begin{bmatrix} B_1 \\ B_2 \\ \vdots \\ B_L \end{bmatrix} u(t)$$

$$u(t) = \begin{bmatrix} k_1 & k_2 & \cdots & k_L \end{bmatrix} \begin{bmatrix} h_1(t) \\ h_2(t) \\ \vdots \\ h_L(t) \end{bmatrix} \tag{5.48}$$

ここで

$$\Psi^*(l) := \begin{bmatrix} \psi_1^*(l) \\ \psi_2^*(l) \\ \vdots \\ \psi_L^*(l) \end{bmatrix}, \; B := \begin{bmatrix} B_1 \\ B_2 \\ \vdots \\ B_L \end{bmatrix} \tag{5.49}$$

である。$X(t) := \begin{bmatrix} h_1(t) & h_2(t) & \cdots & h_L(t) \end{bmatrix}^T$ を新たに導入された部分系の状態量とすると，式 (5.48)，(5.49) の有限次元系はつぎのように書ける。

$$\dot{X}(t) = \Lambda X(t) + Bu(t) \tag{5.50}$$

$$u(t) = KX(t) \tag{5.51}$$

ここで，$\Lambda \in C^{L \times L}$ は有限次元システム式 (5.50) のシステム行列であり，系の式 (5.27) の最初の L 個の固有値を用いてつぎのように構成されている。

$$\Lambda := \mathrm{diag}\,(\lambda_1, \lambda_2, \cdots, \lambda_L) \tag{5.52}$$

以上をまとめると，つぎの定理が成り立つ[42]。

【定理 5.1】 式 (5.50) で表される有限次元系に対して制御系を設計し，式 (5.51) のゲイン K を導出したとする。得られた K を用いて，式 (5.47) の状態フィードバック則を分布定数系の式 (5.27) に対して与えると，構成された閉ループ系

$$\frac{\partial}{\partial t}\theta(t,l) = \mathcal{A}\theta(t,l) + B(l)\int_0^1 K\Psi^*(l)\theta(t,l)dl \qquad (5.53)$$

の固有値は，$(\Lambda + BK)$ の固有値と設計者によって選択されなかった固有関数からなる部分空間の固有値を合わせたものになる。

この設計法では，選択する有限個の固有値とその固有関数を数値計算で求めなければならないが，分布状態を観測できれば近似を用いないで分布定数系の状態フィードバックが求められる。

〔3〕 制御実験

5.2.2 項では分布状態観測器を重み付き残差法で構成し，5.2.3 項では近似することなく極配置などの集中定数系の設計法が適用できることを示した。両者を組み合わせて使用することで，向流熱交換器の状態フィードバック制御が達成できる。

状態フィードバック則として集中定数系でよく知られている最適レギュレータを構成すると，分布定数系の閉ループ系の性質として，集中定数系と同様の円条件が満足され，最適レギュレータを構成したときの閉ループ系の極が集中定数系のハミルトン (Hamilton) 行列に対応した形の行列の左半平面の固有値となる，といった集中定数系との共通点が導かれている[41]。

閉ループ系の固有値の位置を指定できる極配置法の利点を取り入れた最適レギュレータの構成法として，折り返し法が集中定数系[37]，遅れ型むだ時間系[38]に対して研究されている。5.2.3 項に述べた固有関数展開を用いることによって，無限次元系から有限次元系を抽出し，その有限次元系に対して状態フィードバック則を構成し，そのフィードバックゲインを折り返し法によって決定することができ，実際，有効な実験結果が得られている[43]。

紙面の関係から結果は省略するが，興味があれば参考文献を参照していただきたい。

********** 演 習 問 題 **********

【1】 熱交換器のような分布定数系の最適レギュレータはつぎの重積分の形を評価関数とすると

$$J = \int_0^\infty \left[\int_0^1 \int_0^1 \theta^T(t,\alpha) Q(\alpha,\beta) \theta(t,\beta) d\alpha d\beta + u^T(t) R u(t) \right] dt \tag{5.54}$$

最適な入力は

$$u(t) = -R^{-1} \int_0^1 \int_0^1 B^T(\alpha) P(\alpha,\beta) \theta(t,\beta) d\alpha d\beta \tag{5.55}$$

ここで，$P(\alpha,\beta) \in L^2([0,1] \times [0,1]; C^{n \times n})$ はつぎの Riccati 型の偏微分方程式で表される。

$$\begin{aligned}
& A_1^T P(\alpha,\beta) + P(\alpha,\beta) A_1 - A_0^T \frac{\partial P(\alpha,\beta)}{\partial \alpha} - \frac{\partial P(\alpha,\beta)}{\partial \beta} A_0 \\
& - \int_0^1 P(\alpha,\beta) B(\beta) d\beta R^{-1} \int_0^1 B^T(\alpha) P(\alpha,\beta) d\alpha \\
& - \int_0^1 P(\alpha,\beta) B(\beta) d\beta R^{-1} \int_0^1 B^T(\alpha) P(\alpha,\beta) d\alpha \\
& + Q(\alpha,\beta) = 0
\end{aligned} \tag{5.56}$$

境界条件：$P(\alpha,0) = P(\alpha,1) = P(0,\beta) = P(1,\beta) = 0$ \qquad (5.57)

このとき，式 (5.55) が評価関数の式 (5.54) を最小にしていることを示せ。

ヒント：汎関数として

$$V(\theta,t) := \int_0^1 \int_0^1 \theta^T(t,\alpha) P(\alpha,\beta) \theta(t,\beta) d\alpha d\beta$$

と選び

$$\int_0^\infty -\frac{dV}{dt} dt = V(\theta,0) - V(\theta,\infty)$$

の左辺を計算する。

6 振動系

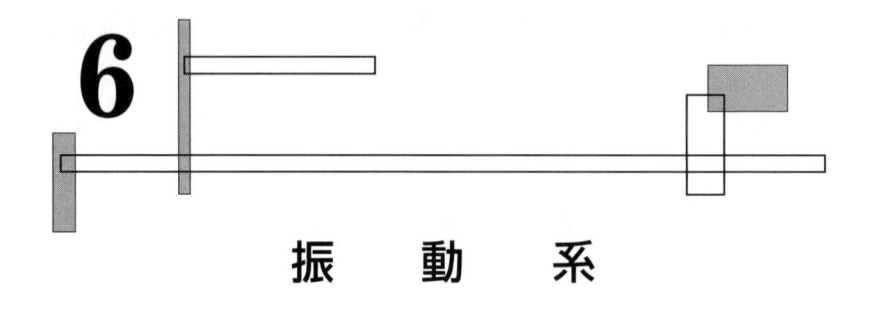

　宇宙構造物，フレキシブルアームなどの柔軟な構造物は，空間的に分布するパラメータを有し，また持続的な振動を抑制する必要があるなど，制御が必要な対象になることが多い．本章では，柔軟構造物の典型的な例を用いて，モデル化の手法と代表的な制御の考え方を説明する．

6.1 柔軟ビーム

　図 **6.1** に示したような，柔軟なビームと回転部分からなる対象を考えよう．ビームは回転部分 (ハブ) に固定支持されており，回転部分はトルクにより駆動される．また，ビームの先端部分にはペイロードがついているとする[†]．
　このような対象の動きを記述するためには

1. 回転部分の運動
2. ペイロードの平面内での運動
3. 柔軟ビームのたわみの時間的な変化

を適切に扱うことが必要になり，特に 3. を記述するためには，ビームの空間的に分布した運動を偏微分方程式などを用いて表さなければならない．
　一方，対象を制御する立場からは，制御則を設計しやすい数式モデルを構築することが必要であり，可能であれば有限次元の近似モデルを求めることが望

[†] ビームに加えて負荷となる質点があることを意味する．

(a) 柔軟ビーム

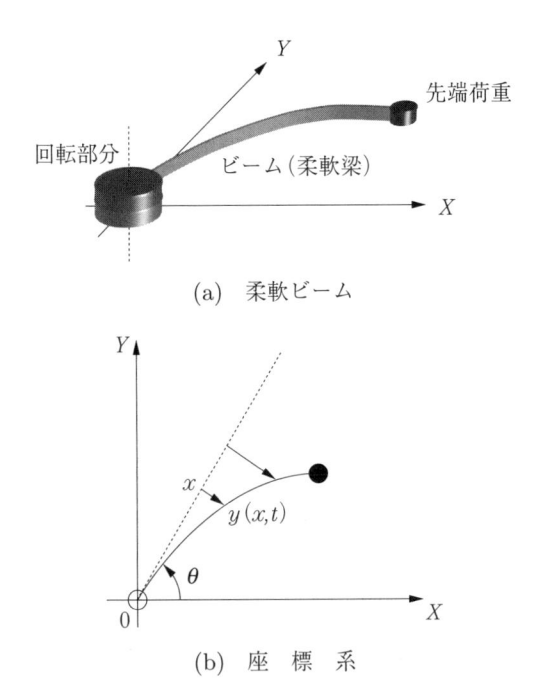

(b) 座 標 系

図 6.1 先端荷重を持つ柔軟ビーム

まれる。

本章では，柔軟ビーム (**図 6.1**) を例に用いて，厳密な数式モデルと近似モデルの導びき方を説明する。

6.2 厳密な数式モデルの導出

柔軟ビーム (**図 6.1**) の数式モデルを力学的な原理に基づいて導出する。ビームにはつぎの前提を設けておく。

1. ビームは横荷重に対してのみフレキシブルであり，重力の影響はないものとする。
2. ビームは一様な断面をもち，**オイラー–ベルヌーイ** (Euler-Bernoulli) **梁**である。

オイラー–ベルヌーイ梁とはビームの代表的な記述法の一つであり，物理的には，局所的な回転モーメントとせん断力の影響が無視できることを意味している。また柔軟ビームのパラメータは，**表 6.1** のように表すことにする。

表 6.1 柔軟ビームのパラメータ

記号	単位	意味
ρ	[kg/m^3]	密　度
E	[N/m^2]	縦弾性係数
I	[m^4]	断面2次モーメント
L	[m]	梁の全長
A	[m^2]	梁の断面積
J_0	[kg·m^2]	ハブの回転慣性モーメント
M_e	[kg]	ペイロードの質量

ハブの回転角を θ [rad]，ハブの支持点から距離 x [m] の点 P の梁の弾性変位を $y(x,t)$ [m] と表すと，点 P は固定座標系 (X,Y) で

$$P(X,Y) = (x\cos\theta - y(x,t)\sin\theta, x\sin\theta + y(x,t)\cos\theta) \tag{6.1}$$

と書ける。またビームが $x=0$ で固定支持されていることは，ビームの弾性変位 $y(x,t)$ に関する境界条件

$$y(0,t) = \frac{\partial y(0,t)}{\partial x} = 0 \tag{6.2}$$

により表される。ここで式 (6.2) は，ビームが $x=0$ の位置で回転部分 (ハブ) と垂直に結合されていることを表したものである。そして，このように物理系の形状から決まる境界条件は，幾何学的境界条件と呼ばれる。

つぎに柔軟ビーム (**図 6.1**) 全体の運動方程式を導く。導出には**ハミルトンの原理**を用いることにする。ハミルトンの原理とは「運動エネルギー (T) とポテンシャルエネルギー (V) および外力による仮想仕事 (W) の総和の任意の時間区間積分が停留値をとるように運動が行われる」というものであり，任意の時間区間 $[t_1, t_2]$ で

$$\forall t_1 > t_2 : \int_{t_1}^{t_2} (\delta T - \delta V + \delta W)\, dt \equiv 0 \tag{6.3}$$

が成り立つことを用いる方法である．ここで δ は変分を表す記号である．

式 (6.3) の計算を実行するために，運動軌道に対する変分を

$$\theta(t) \to \theta(t) + \delta\theta(t) \tag{6.4}$$

$$y(x,t) \to y(x,t) + \delta y(x,t) \tag{6.5}$$

と定め，幾何学的境界条件の式 (6.2) を満たすように

$$\delta y(0,t) = \delta\left\{\frac{\partial y(0,t)}{\partial x}\right\} = 0 \tag{6.6}$$

が成り立つとする．さらに変分を，定数 ϵ を含めて

$$\delta\theta(t) = \epsilon g(t) \tag{6.7}$$

$$\delta y(x,t) = \epsilon h(x,t) \tag{6.8}$$

と定め，$g(t)$，$h(x,t)$ は t に関して 2 回連続微分可能で

$$g(t_1) = g(t_2) = 0, \quad h(x,t_1) = h(x,t_2) = 0 \tag{6.9}$$

を満たしているとすると，変分 δT，δV はつぎの計算から求められる．

$$\delta T = \epsilon \left\{ \left.\frac{dT(\epsilon)}{d\epsilon}\right|_{\epsilon=0} \right\} \tag{6.10}$$

$$\delta V = \epsilon \left\{ \left.\frac{dV(\epsilon)}{d\epsilon}\right|_{\epsilon=0} \right\} \tag{6.11}$$

したがって変分 δT，δV は，はじめに T，V を $\theta(t)$，$y(x,t)$ などの変数で表し，つぎにこれらの変数を $\theta(t) \to \theta(t) + \epsilon g(t)$，$y(x,t) \to y(x,t) + \epsilon h(x,t)$ と置き換えれば，式 (6.10)，(6.11) の計算から求められる．また δW は後に示すように仮想仕事から直接計算できる．

はじめに，力学的エネルギー T，V を求めよう．運動エネルギーの総和 T は，柔軟ビーム全体の運動を，ビームの部分 (T_1)，ハブの回転運動 (T_2)，ペイロードの平面運動 (T_3) に分けてつぎのように求められる．

〔1〕 ビームの運動エネルギー T_1

支持点から距離 x の点で，微小線素 Δx を考えると，その部分の運動エネルギーは $\Delta T_1 = \dfrac{1}{2}\rho A \Delta x (\dot{X}^2 + \dot{Y}^2)$ となる。よってビームの有する運動エネルギーはつぎのように計算される。

$$T_1 = \frac{1}{2}\rho A \int_0^L (\dot{X}^2 + \dot{Y}^2)\,dx \tag{6.12}$$

$$= \frac{1}{2}\rho A \int_0^L \{\dot{\theta}^2 y^2(x,t) + x^2\dot{\theta}^2 + 2x\dot{\theta}\dot{y}(x,t) + \dot{y}^2(x,t)\}\,dx \tag{6.13}$$

〔2〕 ハブの運動エネルギー T_2

ハブの回転慣性モーメントは J_0，回転速度は $\dot{\theta}$ であるから，$T_2 = \dfrac{1}{2}J_0\dot{\theta}^2$ と求められる．

〔3〕 ペイロードの運動エネルギー T_3

$x = L$ の点の固定座標を (X_L, Y_L) と表すと，式 (6.1) よりペイロードの運動エネルギーは

$$T_3 = \frac{1}{2}M_e(\dot{X}_L^2 + \dot{Y}_L^2)$$

$$= \frac{1}{2}M_e\{\dot{\theta}^2 y^2(L,t) + L^2\dot{\theta}^2 + 2L\dot{\theta}\dot{y}(L,t) + \dot{y}^2(L,t)\} \tag{6.14}$$

と求められる。またポテンシャルエネルギー V は，ビームの弾性変形により蓄えられたエネルギーであり，オイラー–ベルヌーイ梁の性質から以下のように求められる。

$$V = \frac{1}{2}EI \int_0^L \left\{\frac{\partial^2 y(x,t)}{\partial x^2}\right\}^2 dx \tag{6.15}$$

つぎに運動エネルギー T，ポテンシャルエネルギー V から，それらの変分を求めよう。基本的な考え方は個別に求めたエネルギーの表現から，$\theta(t), y(x,t)$ をそれぞれ $\theta(t) + \epsilon g(t), y(x,t) + \epsilon h(x,t)$ に変更した場合を求め，式 (6.10)，(6.11) を直接計算すればよい。最終的には式 (6.3) の積分形に基づいて運動方程式を導くので，$\displaystyle\int_{t_1}^{t_2} \delta T\,dt, \int_{t_1}^{t_2} \delta V\,dt$ などの表現も整理する。

6.2 厳密な数式モデルの導出

1. $\delta T = \delta T_1 + \delta T_2 + \delta T_3$ の計算：

1) δT_1 の計算：

$$T_1(\epsilon) = \frac{1}{2}\rho A \int_0^L \{(\dot{\theta} + \epsilon\dot{g})^2(\dot{y}(x,t) + \epsilon\dot{h}(x,t))^2 + x^2(\dot{\theta} + \epsilon\dot{g})^2$$
$$+ 2x(\dot{\theta} + \epsilon\dot{g})(\dot{y}(x,t) + \epsilon\dot{h}(x,t)) + (\dot{y}(x,t) + \epsilon\dot{h}(x,t))^2\}\,dx$$
(6.16)

$$\frac{d}{d\epsilon}T_1(\epsilon) = \rho A \int_0^L \{\dot{g}(\dot{\theta} + \epsilon\dot{g})(\dot{y}(x,t) + \epsilon\dot{h}(x,t))^2$$
$$+ (\dot{\theta} + \epsilon\dot{g})^2\dot{h}(x,t)(\dot{y}(x,t) + \epsilon\dot{h}(x,t)) + x^2\dot{g}(\dot{\theta} + \epsilon\dot{g})$$
$$+ x\dot{g}(\dot{y}(x,t) + \epsilon\dot{h}(x,t)) + x(\dot{\theta} + \epsilon\dot{g})\dot{h}(x,t)$$
$$\dot{h}(x,t)(\dot{y}(x,t) + \epsilon\dot{h}(x,t))\}\,dx$$
(6.17)

$$\delta T_1 = \epsilon\left\{\left.\frac{dT_1(\epsilon)}{d\epsilon}\right|_{\epsilon=0}\right\}$$
$$= \epsilon\rho A \int_0^L \{\dot{g}\dot{\theta}\dot{y}^2(x,t) + \dot{\theta}^2\dot{h}(x,t)\dot{y}(x,t) + x^2\dot{g}\dot{\theta}$$
$$+ x\dot{g}\dot{y}(x,t) + x\dot{\theta}\dot{h}(x,t) + \dot{h}(x,t)\dot{y}(x,t)\}\,dx$$
$$= \rho A \int_0^L \{(\dot{\theta}\dot{y}^2(x,t) + x^2\dot{\theta} + x\dot{y}(x,t))\delta\dot{\theta}(t)$$
$$+ (\dot{\theta}^2\dot{y}(x,t) + x\dot{\theta} + \dot{y}(x,t))\delta\dot{y}(x,t)\}\,dx$$
$$= \rho A \int_0^L \{\dot{\theta}\dot{y}^2(x,t) + x^2\dot{\theta} + x\dot{y}(x,t)\}\,dx \cdot \delta\dot{\theta}(t)$$
$$+ \rho A \int_0^L \{\dot{\theta}^2\dot{y}(x,t) + x\dot{\theta} + \dot{y}(x,t)\}\,dx \cdot \delta\dot{y}(x,t) \quad (6.18)$$

よって $\delta\theta(t_1) = \delta\theta(t_2) = 0$, $\delta y(x,t_1) = \delta y(x,t_2) = 0$ となることに注意すると，部分積分により

$$\int_{t_1}^{t_2} \delta T_1\, dt =$$
$$- \int_{t_1}^{t_2} \delta\theta \frac{d}{dt}\left[\rho A \int_0^L \{\dot{\theta}\dot{y}^2(x,t) + x^2\dot{\theta} + x\dot{y}(x,t)\}\,dx\right]dt$$
$$- \int_{t_1}^{t_2} \delta y(x,t) \frac{d}{dt}\left[\rho A \int_0^L \{\dot{\theta}^2\dot{y}(x,t) + x\dot{\theta} + \dot{y}(x,t)\}\,dx\right]dt \quad (6.19)$$

2) δT_2 の計算:

$$T_2(\epsilon) = \frac{1}{2} J_0 (\dot{\theta} + \epsilon \dot{g})^2 \tag{6.20}$$

$$\frac{dT_2(\epsilon)}{d\epsilon} = J_0 \dot{g}(\dot{\theta} + \epsilon \dot{g}) \tag{6.21}$$

$$\delta T_2 = \epsilon \left\{ \left. \frac{dT_2(\epsilon)}{d\epsilon} \right|_{\epsilon=0} \right\} = \epsilon J_0 \dot{g}\dot{\theta} = J_0 \dot{\theta} \delta \dot{\theta}(t) \tag{6.22}$$

よって $\delta\theta(t_1) = \delta\theta(t_2) = 0$ に注意すると,部分積分により

$$\int_{t_1}^{t_2} \delta T_2 \, dt = -\int_{t_1}^{t_2} J_0 \ddot{\theta} \delta\theta(t) \, dt \tag{6.23}$$

が得られる。

3) δT_3 の計算:

δT_1 に現れた変数 x, $y(x,t)$ が,それぞれ L, $y(L,t)$ に対応していることに注意すると,同様の計算により

$$\begin{aligned}\delta T_3 =\ & M_e \{\dot{\theta} \dot{y}^2(L,t) + L^2 \dot{\theta} + L\dot{y}(L,t)\} \cdot \delta\dot{\theta}(t) \\ & + M_e \{\dot{\theta}^2 \dot{y}(L,t) + L\dot{\theta} + \dot{y}(L,t)\} \cdot \delta\dot{y}(L,t) \end{aligned} \tag{6.24}$$

が求められる。よって $\delta\theta(t_1) = \delta\theta(t_2) = 0$, $\delta y(x,t_1) = \delta y(x,t_2) = 0$ となることに注意すると,部分積分により

$$\begin{aligned}\int_{t_1}^{t_2} \delta T_3 \, dt =\ & \\ & -\int_{t_1}^{t_2} \delta\theta \frac{d}{dt}\left[M_e \{\dot{\theta}\dot{y}^2(L,t) + L^2 \dot{\theta} + L\dot{y}(L,t)\} \right] dt \\ & -\int_{t_1}^{t_2} \delta y(L,t) \frac{d}{dt}\left[M_e \{\dot{\theta}^2 \dot{y}(L,t) + L\dot{\theta} + \dot{y}(L,t)\} \right] dt \end{aligned} \tag{6.25}$$

が得られる。

2. δV の計算:

$$\begin{aligned}V(\epsilon) &= \frac{1}{2} EI \int_0^L \left\{ \frac{\partial^2}{\partial x^2}(y(x,t) + \epsilon h(x,t)) \right\}^2 dx \\ &= \frac{1}{2} EI \int_0^L \{y''(x,t) + \epsilon h''(x,t)\}^2 \, dx \end{aligned} \tag{6.26}$$

6.2 厳密な数式モデルの導出

$$\frac{dV(\epsilon)}{d\epsilon} = EI \int_0^L h''(x,t)\{y''(x,t) + \epsilon h''(x,t)\}\,dx \tag{6.27}$$

$$\begin{aligned}
\delta V &= \epsilon \left\{ \left.\frac{dV(\epsilon)}{d\epsilon}\right|_{\epsilon=0} \right\} \\
&= \epsilon EI \int_0^L h''(x,t) y''(x,t)\,dx \\
&= EI \int_0^L y''(x,t) \delta y''(x,t)\,dx \\
&= EI \left[y''(x,t) \delta y'(x,t) \right]_{x=0}^{x=L} - EI \int_0^L \frac{\partial^3 y(x,t)}{\partial x^3} \delta y'(x,t)\,dx \\
&= EI y''(L,t) \delta y'(L,t) - EI \left[\frac{\partial^3 y(x,t)}{\partial x^3} \delta y(x,t) \right]_{x=0}^{x=L} \\
&\quad + EI \int_0^L \frac{\partial^4 y(x,t)}{\partial x^4} \delta y(x,t)\,dx \\
&= EI \frac{\partial^2 y(L,t)}{\partial x^2} \delta\left\{\frac{\partial y(L,t)}{\partial x}\right\} - EI \frac{\partial^3 y(L,t)}{\partial x^3} \delta y(L,t) \\
&\quad + EI \int_0^L \frac{\partial^4 y(x,t)}{\partial x^4} \delta y(x,t)\,dx \tag{6.28}
\end{aligned}$$

ここで,式 (6.28) の計算には,境界条件の式 (6.2),(6.6) を用いている。また,式 (6.28) の結果は時間の微分を含まないので,積分の表現 $\int_{t_1}^{t_2} \delta V\,dt$ は式 (6.28) の表現を用いて直接与えられる。

最後に仮想仕事の変分 δW を求めておこう。

3. δW の計算 $u(t)$ はハブの部分に与えるトルクだから,回転角の変分を $\delta\theta(t)$ とすれば,つぎのように求められる。

$$\delta W = u(t)\delta\theta(t) \tag{6.29}$$

また積分の表現は

$$\int_{t_1}^{t_2} \delta W\,dt = \int_{t_1}^{t_2} u(t)\delta\theta(t)\,dt \tag{6.30}$$

となる。

式 (6.30),(6.19),(6.23),(6.25),(6.28) により,式 (6.3) の計算に必要になるすべての項が求められた。そこでこれらの結果から,柔軟ビーム (**図 6.1**)

の運動方程式を求めよう．式 (6.30), (6.19), (6.23), (6.25), (6.28) を式 (6.3) に代入すると，停留条件の式 (6.3) は

$$\int_{t_1}^{t_2} \left[A\delta\theta(t) + B\delta y(x,t) + C\delta(L,t) + D\delta\left\{\frac{\partial y(L,t)}{\partial x}\right\} \right] dt \quad (6.31)$$

となり，被積分項 A, B, C, D はつぎのように表される．

$$A = -\frac{d}{dt}\left[\rho A \int_0^L \{\dot\theta \dot y^2(x,t) + x^2\dot\theta + x\dot y(x,t)\}\,dx\right]$$
$$\quad -\frac{d}{dt}\left[M_e\{\dot\theta^2 \dot y(L,t) + L\dot\theta + \dot y(L,t)\}\right] - J_0\ddot\theta + u(t) \quad (6.32)$$

$$B = -\frac{d}{dt}\left[\rho A \int_0^L \{\dot\theta^2 y(x,t) + x\dot\theta + \dot y(x,t)\}\,dx\right]$$
$$\quad -EI\int_0^L \frac{\partial^4 y(x,t)}{\partial x^4}\,dx \quad (6.33)$$

$$C = -\frac{d}{dt}\left[M_e\{\dot\theta^2 y(L,t) + L\dot\theta + \dot y(L,t)\}\right] + EI\frac{\partial^3 y(L,t)}{\partial x^3} \quad (6.34)$$

$$D = -EI\frac{\partial^2 y(L,t)}{\partial x^2} \quad (6.35)$$

ここで各変分は任意の値をとるので，条件式 (6.3) が成り立つためには，A, B, C, D 各項が恒等的に 0 にならなければならない．よって $A=0$, $B=0$, $C=0$, $D=0$ と定めれば，柔軟ビームの厳密な運動を記述する方程式が求められる．

さらに θ, y, y' は小さい値をとるものとして，それらの積など 2 次以上の項を無視する線形化を行うと，つぎの運動方程式が得られる．

$$J_r\ddot\theta(t) + \rho A \int_0^L x\ddot y(x,t)\,dx + M_e L\ddot y(L,t) = u(t) \quad (6.36)$$

$$EI\frac{\partial^4 y(x,t)}{\partial x^4} + \rho A\{x\ddot\theta(t) + \ddot y(x,t)\} = 0 \quad (6.37)$$

$$\frac{\partial^2 y(L,t)}{\partial x^2} = 0 \quad (6.38)$$

$$EI\frac{\partial^3 y(L,t)}{\partial x^3} = M_e\{L\ddot\theta(t) + \ddot y(L,t)\} \quad (6.39)$$

$$J_r := J_0 + \frac{\rho A L^3}{3} + M_e L^2 \tag{6.40}$$

ここで，式 (6.36), (6.37) は基礎方程式と呼ばれ，式 (6.38), (6.39) は自然な境界条件と呼ばれる．したがって，線形近似により得た方程式から対象の性質を調べる場合には，これらの条件と幾何学的境界条件式 (6.2)

$$y(0,t) = \frac{\partial y(0,t)}{\partial x} = 0$$

を併せて用いる．

6.3 モ ー ド 解 析

6.2 節で得られた運動方程式は，対象のすべてのふるまいを表す厳密さの程度が高いモデルと位置づけられる．本節では運動方程式 (6.36)〜(6.40) および式 (6.2) に基づいて，**モード**と呼ばれる基本的な運動パターンを解析する方法を説明する．

柔軟ビーム**図 6.1** に入力を与えず，適当に変形させた後自由に運動させた場合を考えよう．一般の場合，ビームとペイロードは不規則なふるまいをするが，ある特別な形に変形させると，**図 6.2** のように規則的な運動が持続することが

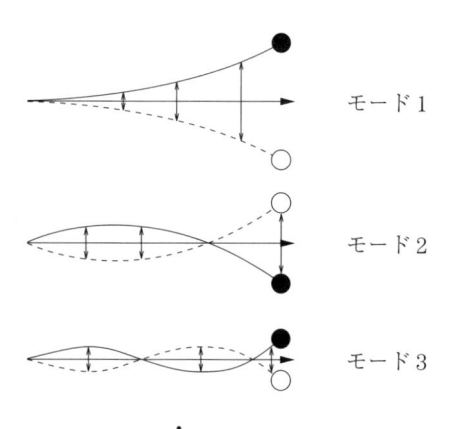

図 6.2 振動モード (概念図)

ある。この運動のパターンはモードと呼ばれ，対象に応じてあらかじめ定められている運動の性質である。そしてビームなどの分布系に対しては，モードと呼ぶ運動のパターンが無限個存在し，一般の運動は複数のモードが同時に発生した現象であると考えられる。

モード解析とは，与えられた数式モデルから，そのシステムに発生するモードの性質を明らかにすることであり，解析の方法によって拘束モード法と非拘束モード法と呼ばれる2種類の考え方がある。

本節では，柔軟ビームの運動方程式を用いて両方の解析例を示し，それぞれの解析法 (拘束モード法と非拘束モード法) の特徴を明らかにする。

6.3.1 拘束モード法による解析

拘束モード法とは，対象の剛体部分が $\ddot{\theta}(t) \equiv 0$ を満たすような制限を受けたときに発生するモードを調べる方法であり，剛体部分を動かないように固定した場合がこれに対応する。

条件 $u(t) \equiv 0$，$\ddot{\theta}(t) \equiv 0$ を設けて，式 (6.2)，式 (6.36)〜(6.39) から定められる解の基本的な性質を調べる。ここでは剛体部分は固定されていると仮定したので，その運動を記述していた式 (6.36) は除き，式 (6.2)，式 (6.37)〜(6.39) から定められるつぎの方程式の解を調べる。

$$EI\frac{\partial^4 y(x,t)}{\partial x^4} + \rho A \ddot{y}(x,t) = 0 \tag{6.41}$$

$$\frac{\partial^2 y(L,t)}{\partial x^2} = 0 \tag{6.42}$$

$$EI\frac{\partial^3 y(L,t)}{\partial x^3} = M_e \ddot{y}(L,t) \tag{6.43}$$

$$y(0,t) = \frac{\partial y(0,t)}{\partial x} = 0 \tag{6.44}$$

解を変数分離法で求めるために

$$y(x,t) := \psi(x) r(t) \tag{6.45}$$

とおき，関数 $\psi(x)$，$r(t)$ が満たす条件を整理する。式 (6.45) を式 (6.41) に代

入すると，変数 Ω^2 を介して条件は

$$\ddot{r}(t) + \Omega^2 r(t) = 0 \tag{6.46}$$

$$EI\frac{d^4\psi(x)}{dx^4} - \rho A \Omega^2 \psi(x) = 0 \tag{6.47}$$

と表される．また境界条件の式 (6.42)～(6.44) は

$$\psi(0) = \psi'(0) = \psi''(L) = 0 \tag{6.48}$$

$$EI\psi'''(L) = -M_e \Omega^2 \psi(L) \tag{6.49}$$

とまとめられる．したがって境界条件の式 (6.48), (6.49) のもとで式 (6.47) を解くと，後述 (式 (6.53)～(6.60)) の計算からつぎの解が得られる．

$$\psi(x) = a\left[(\sinh\beta L + \sin\beta L)(\cosh\beta x - \cos\beta x)\right.$$
$$\left. -(\cosh\beta L + \cos\beta L)(\sinh\beta x - \sin\beta x)\right] \tag{6.50}$$

ここで a は任意定数

$$\beta^4 = \frac{\rho A \Omega^2}{EI} \tag{6.51}$$

であり，$\beta > 0$ はつぎの方程式の根である．

$$M_e\beta\left[\cosh\beta L \sin\beta L - \sinh\beta L \cos\beta L\right]$$
$$-\rho A\left[1 + \cosh\beta L \cos\beta L\right] = 0 \tag{6.52}$$

式 (6.52) に与えられた方程式は超越方程式と呼ばれ，つぎの性質を持つことが知られている．

1. 一般に可算無限個の根を持つ．
2. 任意の $R > 0$ に対して，$|\beta| < R$ の範囲に根はたかだか有限個しか存在しない．

したがって方程式 (6.52) の根を求めるときには，$\beta > 0$ と式 (6.52) 左辺の関係をグラフに表し，値が 0 になるときの β を順に求めていけばよい．

式 (6.50), (6.52) を求める過程を確認しよう．微分方程式 (6.47) は同次線形なので，特性方程式は $EI\beta^4 - \rho A \Omega^2 = 0$ すなわち $\beta^4 = \dfrac{\rho A \Omega^2}{EI}$ により与えられ四つの根を持つ．よって根の一つを $\beta > 0$ とすれば，他の根は $-\beta$, $j\beta$, $-j\beta$ となり，一般解は

のように与えられる. 式 (6.53) は

$$\psi(x) = \tilde{c}_1 \cos\beta x + \tilde{c}_2 \sin\beta x + \tilde{c}_3 \cosh\beta x + \tilde{c}_4 \sinh\beta x \tag{6.54}$$

と書いても等しいので, 式 (6.54) に基づいて境界条件の式 (6.48), (6.49) を満たす解を求める. 境界条件の式 (6.48) が成り立つことから, 係数 $\tilde{c}_1$, $\tilde{c}_2$, $\tilde{c}_3$, $\tilde{c}_4$ の間には, つぎの関係がある.

$$\tilde{c}_1 + \tilde{c}_3 = 0 \tag{6.55}$$

$$\tilde{c}_2 + \tilde{c}_4 = 0 \tag{6.56}$$

$$\tilde{c}_3(\cosh\beta L + \cos\beta L) + \tilde{c}_4(\sinh\beta L + \sin\beta L) = 0 \tag{6.57}$$

そこで任意定数を a とすれば

$$\tilde{c}_3 = -\tilde{c}_1 = a(\sinh\beta L + \sin\beta L) \tag{6.58}$$

$$\tilde{c}_4 = -\tilde{c}_2 = -a(\cosh\beta L + \cos\beta L) \tag{6.59}$$

と与えられる. さらに係数 $\tilde{c}_1$, $\tilde{c}_2$, $\tilde{c}_3$, $\tilde{c}_4$ を式 (6.58), (6.59) のように選んだ後, 境界条件式 (6.49) が成り立つためには, $\beta > 0$ を式 (6.52) が成り立つように与えればよい.

$\beta > 0$ に関する方程式 (6.52) は, 一般に無限個の根を持つ. そこでこれらの根を β_i $(i = 1, 2, 3, \cdots)$ と表すことにして, $\Omega_i > 0$ $(i = 1, 2, 3, \cdots)$ を $\beta_i^4 = \dfrac{\rho A \Omega_i^2}{EI}$ が成り立つように定めると, 式 (6.46), (6.50) から対応する解 $\psi_i(x)$, $r_i(t)$ が与えられる. すなわち式 (6.52) の根 β_i を求めれば

$$y(x,t) = \psi_i(x) r_i(t) \tag{6.60}$$

により, 偏微分方程式 (6.41)〜(6.44) の解を構成することができる.

解の式 (6.60) はハブの支持点から x〔m〕の各点が, 振幅 $\psi_i(x)$, 角周波数 Ω_i〔rad/s〕で単振動する様子を表している (**図 6.3**). そこで以下では, Ω_i を固有値と呼び, $\psi_i(x)$ をモード関数と呼ぶことにする. 偏微分方程式 (6.41)〜(6.44) の一般解は, 固有値 Ω_i $(i = 1, 2, 3, \cdots)$ に対応するモードの線形結合により

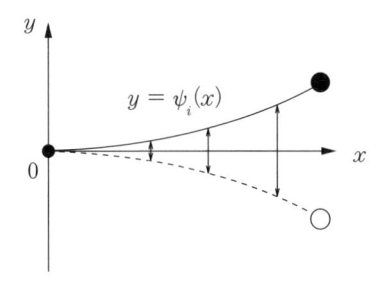

図 **6.3** 拘束モード法の解

$$y(x,t) = \sum_{j=1}^{\infty} \psi_j(x) r_j(t) \tag{6.61}$$

と与えられる。

6.3.2 非拘束モード法による解析

系のモードを，条件 $\ddot{\theta}(t) \equiv 0$ をつけないで調べてみよう。ここで行う解析法は，剛体部分がビームの反力で動くことを考慮したものであり，**非拘束モード法**と呼ばれる。計算の順序は拘束モード法と同じなので，本項では要点を説明し，確認のための計算は演習問題と解答により示すことにする。

条件 $u(t) \equiv 0$ のもとで式 (6.2)，式 (6.36)～(6.39) から定められるつぎの方程式の解を考える。

$$J_r \ddot{\theta}(t) + \rho A \int_0^L x \ddot{y}(x,t) \, dx + M_e L \ddot{y}(L,t) = 0 \tag{6.62}$$

$$EI \frac{\partial^4 y(x,t)}{\partial x^4} + \rho A \{ x \ddot{\theta}(t) + \ddot{y}(x,t) \} = 0 \tag{6.63}$$

$$\frac{\partial^2 y(L,t)}{\partial x^2} = 0 \tag{6.64}$$

$$EI \frac{\partial^3 y(L,t)}{\partial x^3} = M_e \{ L \ddot{\theta}(t) + \ddot{y}(L,t) \} \tag{6.65}$$

$$y(0,t) = \frac{\partial y(0,t)}{\partial x} = 0 \tag{6.66}$$

解を変数分離法で求めるために

$$\theta(t) = \eta(t) + pq(t) \tag{6.67}$$

$$y(x,t) = \phi(x) q(t) \tag{6.68}$$

と置き換えると，式 (6.62)～(6.66) はつぎのように整理される (6 章の演習問題 **【1】**)。

$$J_r p + \rho A \int_0^L x\phi(x)\,dx + M_e L\phi(L) = 0 \tag{6.69}$$

$$J_r \ddot{\eta}(t) = 0 \tag{6.70}$$

$$\ddot{q}(t) + \omega^2 q(t) = 0 \tag{6.71}$$

$$EI\frac{d^4\phi(x)}{dx^4} - \rho A\omega^2\{px + \phi(x)\} = 0 \tag{6.72}$$

$$\phi(0) = \phi'(0) = 0 \tag{6.73}$$

$$\phi''(L) = 0 \tag{6.74}$$

$$EI\phi'''(L) = -M_e\omega^2\{pL + \phi(L)\} \tag{6.75}$$

したがって非拘束モード法による解析の問題は，原理的には条件式 (6.69)～(6.75) を満たす解 $\eta(t)$, $\phi(x)$, $q(t)$ を求めることである。

つぎに，条件式 (6.69) を満たす係数 p が

$$p = -\frac{EI}{J_0\omega^2}\phi''(0) \tag{6.76}$$

と与えられること (6 章の演習問題 **【2】**) を用いて，式 (6.69)～(6.75) を整理する。つぎの変数

$$\Phi(x) := px + \phi(x) \tag{6.77}$$

$$\gamma^4 := \frac{\rho A\omega^2}{EI} \tag{6.78}$$

を導入すると，問題は見通しのよい形に整理され

$$\frac{d^4\Phi(x)}{dx^4} = \gamma^4\Phi(x) \tag{6.79}$$

をつぎの境界条件のもとで解けばよいことがわかる。

$$\Phi(0) = 0 \tag{6.80}$$

$$\Phi'(0) = p = -\frac{EI}{J_0\omega^2}\Phi''(0) \tag{6.81}$$

$$\Phi''(L) = 0 \tag{6.82}$$

$$\Phi'''(L) = -\frac{M_e \omega^2}{EI} \Phi(L) \tag{6.83}$$

式 (6.79) は拘束モード法の場合と同じ形の微分方程式であるが，非拘束モード法では異なる境界条件で解を求めることになる．式 (6.80)～(6.83) を満たす解は

$$\Phi(x) = b\,[(\sinh\gamma L + \sin\gamma L)(\cosh\gamma x - \cos\gamma x)$$
$$\qquad - (\cosh\gamma L + \cos\gamma L + 2X\sin\gamma L)\sinh\gamma x$$
$$\qquad + (\cosh\gamma L + \cos\gamma L - 2X\sinh\gamma L)\sin\gamma x] \tag{6.84}$$

$$X := \frac{EI\gamma}{J_0 \omega^2} \tag{6.85}$$

と与えられ，γ はつぎの方程式の根である (6 章の演習問題【3】)．

$$\left(\frac{M_e\gamma}{\rho A} - \frac{\rho A}{J_0 \gamma^3}\right)(\sinh\gamma L \cos\gamma L - \cosh\gamma L \sin\gamma L)$$
$$+ 1 + \cosh\gamma L \cos\gamma L + 2\frac{M_e}{J_0 \gamma^2}\sinh\gamma L \sin\gamma L = 0 \tag{6.86}$$

したがって式 (6.84)，(6.85) から $\phi(x) = \Phi(x) - px$ を定めれば，微分方程式式 (6.79) の解が構成できる．

式 (6.81) に定めた係数 p が

$$p = -\frac{EI}{J_0 \omega^2}\Phi''(0) = -\gamma^2 \frac{EI}{J_0 \omega^2}(-d_2 + d_4) = 2\gamma X d_2 \tag{6.87}$$

となることに注意すると解 $\phi(x)$ はつぎのように与えられる．

$$\phi(x) = b\,[(\sinh\gamma L + \sin\gamma L)(\cosh\gamma x - \cos\gamma x)$$
$$\qquad - (\cosh\gamma L + \cos\gamma L + 2X\sin\gamma L)\sinh\gamma x$$
$$\qquad + (\cosh\gamma L + \cos\gamma L - 2X\sinh\gamma L)(\sin\gamma x - 2\gamma X x)] \tag{6.88}$$

$\gamma > 0$ に関する方程式 (6.86) は一般に無限個の根を持つ．そこでこれらの根を γ_i ($i = 1, 2, 3, \cdots$) と表し，ω_i ($i = 1, 2, 3, \cdots$) を $\gamma_i^4 = \rho A \omega_i^2 / EI$ が成り立つように定めると，式 (6.87)，(6.88)，(6.71) から係数 p_i と対応する解 $\phi_i(x)$, $q_i(t)$ が求められる．ここで ω_i は固有値，$\phi_i(x)$ はモード関数である．そして

方程式 (6.62)〜(6.66) の一般解は固有値 ω_i ($i=1,2,3,\cdots$) に対応するモードの線形結合により

$$\theta(t) = \eta(t) + \sum_{j=1}^{\infty} p_j q_j(t) \tag{6.89}$$

$$y(x,t) = \sum_{j=1}^{\infty} \phi_j(x) q_j(t) \tag{6.90}$$

と表される。

式 (6.89), (6.90) の持つ基本的な意味を明らかにするため，$\eta(t) \equiv 0$ として 1 種類のモード ω_i だけが発生した場合を考えておこう。このとき式 (6.90) はハブの支持点から x〔m〕の各点が，振幅 $\phi_i(x)$〔m〕，角周波数 ω_i〔rad/s〕で単振動する様子を表している。また式 (6.89) はビームの反動を受けて，振幅 p_i〔rad〕で単振動する様子を表している。

したがって式 (6.89), (6.90) は，ビームと回転部分のふるまいが単振動の合成により記述できることを示している。$\eta(t)$ は式 (6.70) により定められ，ビームの運動とは独立である。この部分は，剛体部分に発生する等速運動を表すので，ビームの振動モードと区別して剛体モードと呼ばれる。

6.3.3 拘束モード法と非拘束モード法

モード解析により，柔軟ビームのふるまいはモードと呼ぶ基本的な運動のパターンに分解して扱えることが示された。定義から拘束モード法は剛体部分を $\ddot{\theta}(t) \equiv 0$ と固定した場合に現れるモードを求める方法であり，非拘束モード法は剛体部分がビームの反動で動くことを考慮した，より自然なモードを求める方法である。したがって非拘束モード法により結果が得られた場合，一部の条件を制限することにより，拘束モード法の結果を誘導することができる。また扱う対象が複雑な構造を持つときには，拘束モードが解析できても，非拘束モードは解析的に求められなくなる場合もある。

柔軟ビームの解析結果を用いて，両解析法の結果の対応を示しておく。非拘束モード法により求めたモード関数は式 (6.88), 固有値 ω は式 (6.86) の根 γ

と式 (6.78) により与えられる．いま $J_0 \to \infty$ として，剛体部分がビームの反動で動かないとすると，$\gamma > 0$ に関する方程式 (6.86) に含まれる係数 $\rho A/J_0$，M_e/J_0 はともに 0 になる．よって固有値の決定に関する方程式 (6.86) から式 (6.52) が求められる．また，このとき $X = 0$ となるので，モード関数の式 (6.88) も式 (6.50) に一致して，拘束モード法の結果が導びかれる．

6.4 近似モデルの構成

柔軟ビームなど振動系のふるまいを調べる場合，力学的な原理から偏微分方程式と境界条件など，対象の厳密なモデルを求めることが可能である．これらの記述は，モード解析の基礎を与える重要なものであるが，制御則の設計には必ずしも有用でない．これは制御系の一般的な設計法を用いると，制御則は対象と同程度の次元を有することが多いためである．

無限次元系など特に次元の高い制御対象に対して，実用的な制御則を設計する場合，実装が可能な低次元の制御則を求めることが必要である．そして，設計には図 **6.4** に示すような二つの接近法が考えられる．一つは高次元の制御対象を一度低次元化して，低次元化モデルに対して制御則を設計する方法であり，もう一つは厳密なモデルに基づいて，高次元になるかもしれない制御則を設計してから，それを低次元化する方法である．これらの方法の選択は制御対象に

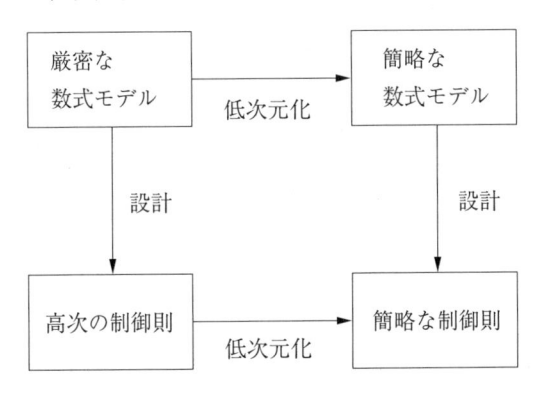

図 **6.4** モデルの簡略化と制御系設計

応じて決まるが，制御系設計の視点からは，低次元化モデルを用いるほうが設計の自由度は大きいようである。

本節では，対象のふるまいを個々のモードに分解して表す**モード展開法**を述べ，主要なモードの性質を保存した低次元化モデルの計算法を考える。

6.4.1 基本的な考え方

拘束モード法の結果 (6.3.1 項) を用いながら，モード展開法の考え方を説明する。モード解析の考え方によれば，固有値 Ω_i ($i=1,2,3,\cdots$) に対するモード関数が $\psi_i(x)$ ならば，初期条件 $y(x,0) = \psi_i(x)$ から出発する運動が

$$y(x,t) = \psi_i(x) r_i(t) \tag{6.91}$$

$$\ddot{r}_i(t) + \Omega_i^2 r_i(t) = 0 \tag{6.92}$$

と表されることを示している。したがってモード Ω_i の運動を扱うためには，2次系の式 (6.92) の動きを考えれば十分であり，柔軟ビームの各点の動きが必要なときには式 (6.91) からビームの変位 $y(x,t)$ を計算すればよい。

柔軟ビームが任意の初期条件 $y(x,0)$ から運動するときも同様である。この場合にはモード関数 $\psi_i(x)$ にスカラー倍の自由度を含めることにして，初期条件 $y(x,0)$ を

$$\begin{aligned} y(x,0) &= \psi_1(x) + \psi_2(x) + \psi_3(x) + \cdots + \psi_i(x) + \cdots \\ &= \sum_{i=1}^{\infty} \psi_i(x) \end{aligned} \tag{6.93}$$

と分解して表せばよい。このとき各モードの時間変化は，それぞれ方程式

$$\ddot{r}_i(t) + \Omega_i^2 r_i(t) = 0, \quad i = 1, 2, \cdots$$

により決まるので，初期条件 $r_i(0)$, $\dot{r}_i(0)$ を適切に与えれば $y(x,0)$ からはじまるビームの任意の運動が表現できると考えられる (**図 6.5**)。

次項よりモードの持っていた性質に注目し，外部から入力を与えたとき，各モードの時間変化がどのような影響を受けるか調べる。そして各モードの時間変化 (式 (6.92)) と入力の関係を整理して，式 (6.2)，式 (6.36)〜(6.39) に代わる対象の記述法を明らかにする。

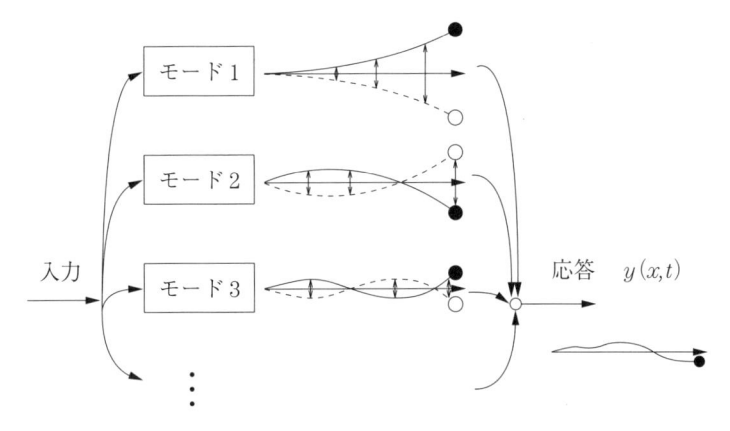

図 6.5 モードと実際の入出力

6.4.2 拘束モードによるモード展開

拘束モード Ω_i $(i = 1, 2, 3, \cdots)$ と対応するモード関数 $\psi_i(x)$ に基づいて，柔軟ビームの運動方程式 (6.2)，式 (6.36)〜(6.39) と等価な表現を求める。モード関数 $\psi_i(x)$ は式 (6.47)〜(6.49) を満たすので，スカラー倍の自由度を調整して

$$EI \int_0^L \psi_i''(x)\psi_j''(x)\,dx = \Omega_i^2 \delta_{ij} \tag{6.94}$$

$$\rho A \int_0^L \psi_i(x)\psi_j(x)\,dx + M_e \psi_i(L)\psi_j(L) = \delta_{ij} \tag{6.95}$$

が成り立つように規格化する。ここで δ_{ij} は

$$\delta_{ij} = \begin{cases} 1, & i = j \\ 0, & i \neq j \end{cases} \tag{6.96}$$

と定義したクロネッカーの記号である。

はじめに $i \neq j$ としたとき，等式 (6.94)，(6.95) が実際に成り立つことを確認しよう。式 (6.94) 右辺に部分積分を施し，条件の式 (6.47)〜(6.49) を用いるとつぎの関係が導かれる。

$$EI \int_0^L \psi_i''(x)\psi_j''(x)\,dx$$
$$= EI \left[\psi_i''(x)\psi_j'(x) \right]_{x=0}^{x=L} - EI \left[\psi_i'''(x)\psi_j(x) \right]_{x=0}^{x=L}$$
$$+ EI \int_0^L \frac{d^4\psi_i(x)}{dx^4}\psi_j(x)\,dx$$
$$= \Omega_i^2 \left\{ \rho A \int_0^L \psi_i(x)\psi_j(x)\,dx + M_e \psi_i(L)\psi_j(L) \right\} \tag{6.97}$$

また添字 i, j を逆にして変形すれば,同時に

$$EI \int_0^L \psi_i''(x)\psi_j''(x)\,dx$$
$$= \Omega_j^2 \left\{ \rho A \int_0^L \psi_i(x)\psi_j(x)\,dx + M_e \psi_i(L)\psi_j(L) \right\} \tag{6.98}$$

とも表せる。よって式 (6.97), (6.98) 両辺の差をとれば, $i \neq j$ すなわち $\Omega_i^2 \neq \Omega_j^2$ のとき,式 (6.95) が成り立つことがわかる。また $\Omega_i^2 \neq 0$ なので,式 (6.97) から式 (6.94) も示される。

つぎに $i = j$ のとき,モード関数のスカラー倍の自由度を調整すれば,式 (6.94), (6.95) が成り立つことを示す。$i = j$ として式 (6.95) 左辺を計算すると, $\psi_i(x) \not\equiv 0$ なので

$$\rho A \int_0^L \psi_i(x)\psi_i(x)\,dx + M_e \psi_i(L)\psi_i(L) = a_i > 0 \tag{6.99}$$

と正の値をとる。よって $(1/\sqrt{a_i})\psi_i(x)$ と規格化したものをモード関数 $\psi_i(x)$ と定めれば,式 (6.95) を満たすようにできる。また式 (6.97) から同時に式 (6.94) も成り立つことがわかる。

モード関数 $\psi_i(x)$, $\psi_j(x)$ $(i \neq j)$ は,式 (6.94), (6.95) を満たすという意味で,互いに直交すると考えることができる。以下では,条件式 (6.94), (6.95) をモード関数の直交条件と呼ぶ。直交条件は,対象をモードの性質に基づいて表すときに最も重要な性質であり,扱う対象によって直交条件の形も変わる。し

6.4 近似モデルの構成

たがってモード展開を行う場合，直交条件を確認することが第一の課題となる。

直交条件式 (6.94), (6.95) を利用して，モードに基づいた記述法を導く。ここで考える柔軟ビームの基礎方程式と境界条件は，それぞれ式 (6.2), (6.36)〜(6.39) に与えたものである (再掲)。

$$J_r\ddot{\theta}(t) + \rho A \int_0^L x\ddot{y}(x,t)\,dx + M_e L \ddot{y}(L,t) = u(t) \tag{6.100}$$

$$EI\frac{\partial^4 y(x,t)}{\partial x^4} + \rho A\{x\ddot{\theta}(t) + \ddot{y}(x,t)\} = 0 \tag{6.101}$$

$$\frac{\partial^2 y(L,t)}{\partial x^2} = 0 \tag{6.102}$$

$$EI\frac{\partial^3 y(L,t)}{\partial x^3} = M_e\{L\ddot{\theta}(t) + \ddot{y}(L,t)\} \tag{6.103}$$

$$y(0,t) = \frac{\partial y(0,t)}{\partial x} = 0 \tag{6.104}$$

そしてビームの変位をモード関数により

$$y(x,t) = \sum_{j=1}^{\infty} \psi_j(x) r_j(t) \tag{6.105}$$

と表したとき，時間関数 $r_j(t)$ ($j=1,2,3,\cdots$) をどのように表せばよいか明らかにする†。

方程式 (6.100)〜(6.104) に基本的な操作を行い，各モードに含まれる時間関数 $r_i(t)$ の満たす条件を明らかにする。

式 (6.100) に (6.105) を代入すると，等式

$$J_r\ddot{\theta}(t) + \sum_{j=1}^{\infty} m_j \ddot{r}_j(t) = u(t) \tag{6.106}$$

$$m_i := \rho A \int_0^L x\psi_i(x)\,dx + M_e L \psi_i(L), \quad i=1,2,3,\cdots \tag{6.107}$$

が得られる。

つぎに式 (6.101) の両辺に左から $\psi_i(x)$ をかけて，定積分

---

† 入力がなく，剛体部分を $\ddot{\theta}(t) \equiv 0$ と固定していれば，時間関数 $r(t)$ は式 (6.92) で与えられる。ここでの目的は式 (6.100) に入力 $u(t)$ が現われ，また条件 $\ddot{\theta}(t) \equiv 0$ を除くとき，微分方程式 (6.92) をどのように変えればよいか調べることである。

$$\int_0^L \psi_i(x) EI \frac{\partial^4 y(x,t)}{\partial x^4}\,dx + \int_0^L \psi_i(x)\rho A\{x\ddot{\theta}(t) + \ddot{y}(x,t)\}\,dx = 0 \tag{6.108}$$

を行う.左辺第1項は,部分積分により

$$\int_0^L \psi_i(x) EI \frac{\partial^4 y(x,t)}{\partial x^4}\,dx$$
$$= \left[\psi_i(x) EI \frac{\partial^3 y(x,t)}{\partial x^3}\right]_{x=0}^{x=L} - \left[\psi_i'(x) EI \frac{\partial^2 y(x,t)}{\partial x^2}\right]_{x=0}^{x=L}$$
$$+ EI \int_0^L \psi_i''(x) \frac{\partial^2 y(x,t)}{\partial x^2}\,dx$$

となるので式 (6.48), (6.102), (6.103) を用い,さらに式 (6.105), (6.94) を代入すると

$$= \psi_i(L) M_e \{L\ddot{\theta}(t) + \ddot{y}(L,t)\} + EI \int_0^L \psi_i''(x) \frac{\partial^2 y(x,t)}{\partial x^2}\,dx$$
$$= \psi_i(L) M_e L\ddot{\theta}(t) + \sum_{j=1}^\infty M_e \psi_i(L)\psi_j(L)\ddot{r}_j(t)$$
$$+ \sum_{j=1}^\infty EI \int_0^L \psi_i''(x)\psi_j''(x)\,dx \cdot r_j(t)$$
$$= \psi_i(L) M_e L\ddot{\theta}(t) + \sum_{j=1}^\infty M_e \psi_i(L)\psi_j(L)\ddot{r}_j(t) + \Omega_i^2 r_i(t) \tag{6.109}$$

と表される.また,式 (6.108) 左辺第2項は,式 (6.105) を用いてつぎのように計算できる.

$$\int_0^L \psi_i(x)\rho A\{x\ddot{\theta}(t) + \ddot{y}(x,t)\}\,dx$$
$$= \rho A \int_0^L x\psi_i(x)\,dx \cdot \ddot{\theta}(t) + \sum_{j=1}^\infty \rho A \int_0^L \psi_i(x)\psi_j(x)\,dx \cdot \ddot{r}(t) \tag{6.110}$$

よって式 (6.109), (6.110) から,条件の式 (6.108) は

$$\sum_{j=1}^{\infty}\left[\rho A \int_0^L \psi_i(x)\psi_j(x)\,dx + M_e \psi_i(L)\psi_j(L)\right]\ddot{r}_j(t)$$

$$+\Omega_i^2 r_i(t) + \left[\rho A \int_0^L x\psi_i(x)\,dx + M_e L\psi_i(L)\right]\ddot{\theta}(t) = 0 \quad (6.111)$$

となり，直交条件の式 (6.95) と式 (6.107) から

$$\ddot{r}_i(t) + \Omega_i^2 r_i(t) + m_i \ddot{\theta}(t) = 0 \tag{6.112}$$

と表される．

以上のことから，柔軟ビームの記述はモード展開の式 (6.105) によると式 (6.106), (6.107), (6.112) により与えられる．すなわち式 (6.100)〜(6.104) で表した数式モデルは，拘束モードを用いても等価に表すことが可能であり，それらの記述はつぎのようにまとめられる．

$$y(x,t) = \sum_{j=1}^{\infty}\psi_j(x)r_j(t) \tag{6.113}$$

$$J_r \ddot{\theta}(t) + \sum_{j=1}^{\infty} m_j \ddot{r}_j(t) = u(t) \tag{6.114}$$

$$\ddot{r}_i(t) + \Omega_i^2 r_i(t) + m_i \ddot{\theta}(t) = 0 \tag{6.115}$$

$$m_i := \rho A \int_0^L x\psi_i(x)\,dx + M_e L\psi_i(L), \quad i = 1, 2, 3, \cdots \tag{6.116}$$

$$J_r := J_0 + \frac{\rho A L^3}{3} + M_e L^2 \tag{6.117}$$

式 (6.114), (6.115) から，各モードの運動 $r_i(t)$ と入力の関係は

$$\ddot{r}_i(t) + \Omega_i^2 r_i(t) = \sum_{j=1}^{\infty} \frac{m_i m_j}{J_r} \cdot \ddot{r}_j(t) - \frac{m_i}{J_r} \cdot u(t) \tag{6.118}$$

と表されるので，一般の対象を拘束モードに基づいて表すと，時間関数 $r_i(t)$ が相互に影響しながら，同時に入力の影響を受けて変化することが確認できる．

6.4.3 非拘束モードによるモード展開

非拘束モード ω_i $(i = 1, 2, 3, \cdots)$ と対応するモード関数 $\phi_i(x)$ に基づいて，

式 (6.2),式 (6.36)〜(6.39) と等価な表現を求める。ここでの目的は,剛体部分の回転角 $\theta(t)$ とビームの変位 $y(x,t)$ を非拘束モードにより

$$\theta(t) = \eta(t) + \sum_{j=1}^{\infty} p_j q_j(t) \tag{6.119}$$

$$y(x,t) = \sum_{j=1}^{\infty} \phi_j(x) q_j(t) \tag{6.120}$$

と表したとき,時間関数 $q_i(t)$ $(i=1,2,3,\cdots)$ をどのように表せばよいか明らかにすることである。計算の順序は,拘束モード法の場合と同じなので,本項では要点を説明し,確認の計算は演習問題と解答により示すことにする。

モード展開の計算には,6.3.2 項で導いたモード関数 ϕ_i $(i=1,2,3,\cdots)$ が,スカラー倍の自由度を調整すると,つぎの関係式を満たすことを用いる。

$$EI \int_0^L \phi_i''(x) \phi_j''(x)\, dx = \omega_i^2 \delta_{ij} \tag{6.121}$$

ここで δ_{ij} は式 (6.96) で定めたクロネッカーの記号であり,式 (6.121) は,つぎのように変形して用いることも可能である (6 章の演習問題【4】)。

$$\rho A \int_0^L \phi_i(x) \phi_j(x)\, dx + M_e \phi_i(L) \phi_j(L) - J_r p_i p_j = \delta_{ij} \tag{6.122}$$

以下では,式 (6.121) または等価な式 (6.122) をモード関数の直交条件と呼ぶ。

直交条件の式 (6.121),(6.122) を利用して,非拘束モードに基づいた記述法を導びく。拘束モードの場合と同様,式 (6.100)〜(6.104) に基づいて計算を始めよう。式 (6.100) に式 (6.119),(6.120) を代入すると

$$J_r \ddot{\eta}(t) + \sum_{j=1}^{\infty} \left[J_r p_j + \rho A \int_0^L x \phi_j(x)\, dx + M_e L \phi_j(L) \right] \ddot{q}_j(t) = u(t) \tag{6.123}$$

となり,さらに式 (6.69) を用いるとつぎの関係が導かれる。

$$J_r \ddot{\eta}(t) = u(t) \tag{6.124}$$

一方,式 (6.101) 両辺に $\phi_i(x)$ $(i=1,2,3,\cdots)$ をかけて,定積分を施した式

$$\int_0^L \phi_i(x) EI \frac{\partial^4 y(x,t)}{\partial x^4} dx$$
$$+ \int_0^L \phi_i(x) \rho A \{x\ddot{\theta}(t) + \ddot{y}(x,t)\} dx = 0 \tag{6.125}$$

に注目すると,直交条件の式 (6.121),(6.122) のもとで

$$\ddot{q}_i(t) + \omega_i^2 q_i(t) = p_i u(t), \qquad i=1,2,3,\cdots \tag{6.126}$$

が得られる (6 章の演習問題【5】)。

以上のことから柔軟ビームの記述は,モード展開式 (6.119),(6.120) によると式 (6.124),(6.126) のように与えられる。すなわち,式 (6.100)〜(6.104) で表した数式モデルは,非拘束モードを用いて等価に表すことが可能であり,それらの記述はつぎのようにまとめられる。

$$\theta(t) = \eta(t) + \sum_{j=1}^{\infty} p_j q_j(t) \tag{6.127}$$

$$y(x,t) = \sum_{j=1}^{\infty} \phi_j(x) q_j(t) \tag{6.128}$$

$$J_r \ddot{\eta}(t) = u(t) \tag{6.129}$$

$$\ddot{q}_i(t) + \omega_i^2 q_i(t) = p_i u(t) \tag{6.130}$$

$$J_r p_i + \rho A \int_0^L x \phi_i(x) \, dx + M_e L \phi_i(L) = 0, \qquad i=1,2,3,\cdots \tag{6.131}$$

$$J_r := J_0 + \frac{\rho A L^3}{3} + M_e L^2 \tag{6.132}$$

6.4.4 近似モデルの導出

前項までの結果から,柔軟ビームを記述した方程式 (6.100)〜(6.104) は,拘束モード,非拘束モードのどちらを用いても等価な表現が求められ,それらは式 (6.113)〜(6.117) または,式 (6.127)〜(6.132) により与えられることがわかっ

た．これらの記述はモード展開と呼ばれ，対象のモード展開が得られると，制御則を入力と各モードの関係に注意しながら設計することが可能になる．

本節ではモード展開した記述から，主要なモードだけを反映させた近似モデルを構成する方法を説明する．近似モデルの計算法はモードの種類によって，それぞれつぎのようにまとめられる．

〔1〕 拘束モードに基づいた近似モデル

拘束モードにより展開した式 (6.113)～(6.117) から，剛体モードと固有値 $\Omega_1, \Omega_2, \cdots, \Omega_N$ に対応したモードを残した近似モデルを求める．

式 (6.114) に含まれる級数 $\sum_{j=1}^{\infty} m_j \ddot{r}_j(t)$ を $\sum_{j=1}^{N} m_j \ddot{r}_j(t)$ と打ち切り，$i = 1, 2, \cdots, N$ に対して式 (6.114) を用いると全体の記述はつぎのようにまとめられる．

$$\tilde{M}\ddot{\tilde{q}}(t) + \tilde{K}\tilde{q}(t) = \tilde{C}u(t) \tag{6.133}$$

$$\tilde{M} := \begin{bmatrix} J_r & m_1 & m_2 & \cdots & m_N \\ m_1 & 1 & 0 & \cdots & 0 \\ m_2 & 0 & 1 & & 0 \\ \vdots & \vdots & & \ddots & \vdots \\ m_N & 0 & 0 & \cdots & 1 \end{bmatrix}, \quad \tilde{C} := \begin{bmatrix} 1 \\ 0 \\ 0 \\ \vdots \\ 0 \end{bmatrix},$$

$$\tilde{K} := \begin{bmatrix} 0 & 0 & 0 & \cdots & 0 \\ 0 & \Omega_1^2 & 0 & \cdots & 0 \\ 0 & 0 & \Omega_2^2 & & 0 \\ \vdots & \vdots & & \ddots & \vdots \\ 0 & 0 & 0 & \cdots & \Omega_N^2 \end{bmatrix}, \quad \tilde{q}(t) := \begin{bmatrix} \theta(t) \\ r_1(t) \\ r_2(t) \\ \vdots \\ r_N(t) \end{bmatrix}$$

ここで $\tilde{q}(t)$ は，変数 $\theta(t), r_1(t), r_2(t), \cdots, r_N(t)$ から定義した $N+1$ 次のベクトルである．そしてビームの各点の変位 $y(x,t)$ を求めるときには，式 (6.113) を

$$y(x,t) = \sum_{j=1}^{N} \psi_j(x) r_j(t) \tag{6.134}$$

として用いればよい．

〔2〕 非拘束モードに基づいた近似モデル

つぎに非拘束モードにより展開した式 (6.127)〜(6.132) から，剛体モードと $\omega_1, \omega_2, \cdots, \omega_N$ に対応したモードを残した近似モデルを求める。

式 (6.129) と $i = 1, 2, \cdots, N$ に対して式 (6.130) を用いると全体の記述はつぎのようにまとめられる。

$$\hat{M}\ddot{\hat{q}}(t) + \hat{K}\hat{q}(t) = \hat{C}u(t) \tag{6.135}$$

$$\hat{M} := \begin{bmatrix} 1 & 0 & 0 & \cdots & 0 \\ 0 & 1 & 0 & \cdots & 0 \\ 0 & 0 & 1 & & 0 \\ \vdots & \vdots & & \ddots & \vdots \\ 0 & 0 & 0 & \cdots & 1 \end{bmatrix}, \quad \hat{C} := \begin{bmatrix} \frac{1}{J_r} \\ p_1 \\ p_2 \\ \vdots \\ p_N \end{bmatrix},$$

$$\hat{K} := \begin{bmatrix} 0 & 0 & 0 & \cdots & 0 \\ 0 & \omega_1^2 & 0 & \cdots & 0 \\ 0 & 0 & \omega_2^2 & & 0 \\ \vdots & \vdots & & \ddots & \vdots \\ 0 & 0 & 0 & \cdots & \omega_N^2 \end{bmatrix}, \quad \hat{q}(t) := \begin{bmatrix} \eta(t) \\ q_1(t) \\ q_2(t) \\ \vdots \\ q_N(t) \end{bmatrix}$$

ここで $\hat{q}(t)$ は，変数 $\eta(t), r_1(t), r_2(t), \cdots, r_N(t)$ から定義した $N+1$ 次のベクトルである。そしてビームの変位 $y(x,t)$ を求めるときには式 (6.127), (6.128) を

$$\theta(t) = \eta(t) + \sum_{j=1}^{N} p_j q_j(t) \tag{6.136}$$

$$y(x,t) = \sum_{j=1}^{N} \phi_j(x) q_j(t) \tag{6.137}$$

として用いればよい。

6.5 制御系設計とスピルオーバ

振動系の運動はモードに基づいて表すことが可能であり，剛体部分と振動モー

ドを合わせた近似系は，一般につぎのように表すことができる．

$$M\ddot{q}(t) + D\dot{q}(t) + Kq(t) = Cu(t) \tag{6.138}$$

$$q(t) := [q_1(t), q_2(t), \cdots, q_N(t)]^T$$

ここで N は近似系に含めたモードの数であり，M，D，K はそれぞれ質量，減衰，剛性行列であり，M は対称正定，D と K は対称半正定になる．式 (6.138) で表したシステムは図 6.6 のように，マス (M)，ダンパ (D)，ばね (K) からなる力学系を一般化したものになり，MDK システムと呼ばれている．

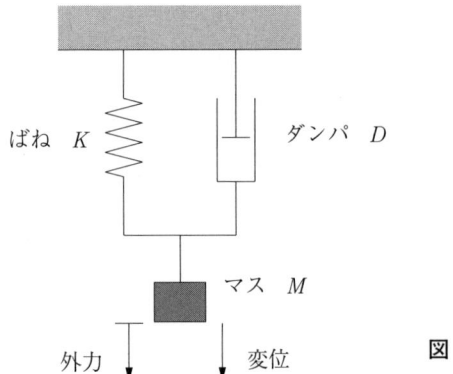

図 6.6 ばね・マス・ダンパ系

例えば，柔軟ビーム (図 6.1) に対して得られた近似系は，式 (6.133) (拘束モード法)，式 (6.135) (非拘束モード法) のようになり，減衰行列を 0 とすれば式 (6.138) の形で表せる．

式 (6.138) に対して，状態を

$$x(t) := \begin{bmatrix} q(t) \\ \dot{q}(t) \end{bmatrix} \tag{6.139}$$

と選ぶとつぎのような状態方程式に表される．

$$\dot{x}(t) = Ax(t) + Bu(t) \tag{6.140}$$

$$A = \begin{bmatrix} 0 & I \\ -M^{-1}K & -M^{-1}D \end{bmatrix}, B = \begin{bmatrix} 0 \\ -M^{-1}C \end{bmatrix}$$

以下では，必要に応じて式 (6.138)，(6.140) の記述を用いることにする．

振動系のふるまいは N を十分大きな数に選べば，有限個のモードからなる式 (6.140) でほぼ問題なく表すことが可能である．一方，制御則を設計するときには，N を小さな数に選んだ近似モデル (設計モデル) を利用することが多い．これは，通常の設計理論を用いると，制御器が設計モデルと同程度の次数になることが多く，実装のためにはなるべく次数の低い制御則を求める必要があるためである．

本節では，このように次数の低い近似モデルから制御則を設計し，それを実際の制御対象に適用したとき，発生する問題について考える．

6.5.1 制御モードと剰余モード

式 (6.138) を設計に利用する部分と残りのダイナミクスに分けて，つぎのように表す．

・**設計モデル** (Σ_c)
$$M_c \ddot{q}_c(t) + D_c \dot{q}_c(t) + K_c q_c(t) = C_c u(t) \tag{6.141}$$
$$q_c(t) := [q_1(t), q_2(t), \cdots, q_n(t)]^T$$

・**残りのダイナミクス** (Σ_r)
$$M_r \ddot{q}_r(t) + D_r \dot{q}_r(t) + K_r q_r(t) = C_r u(t) \tag{6.142}$$
$$q_r(t) := [q_{n+1}(t), q_{n+2}(t), \cdots, q_N(t)]^T$$

ここで Σ_c に含まれているモードを制御モードと呼び，Σ_r に含まれているモードを剰余モードと呼ぶことにする．さらに式 (6.141)，(6.142) は状態方程式に直すとつぎのように表される．

$$\Sigma_c: \quad \dot{x}_c(t) = A_c x_c(t) + B_c u(t) \tag{6.143}$$

$$x_c(t) := \begin{bmatrix} q_c(t) \\ \dot{q}_c(t) \end{bmatrix},$$

$$A_c = \begin{bmatrix} 0 & I \\ -M_c^{-1} K_c & -M_c^{-1} D_c \end{bmatrix}, B_c = \begin{bmatrix} 0 \\ -M_c^{-1} C_c \end{bmatrix}$$

$$\Sigma_r : \quad \dot{x}_r(t) = A_r x_r(t) + B_r u(t) \tag{6.144}$$

$$x_r(t) := \begin{bmatrix} q_r(t) \\ \dot{q}_r(t) \end{bmatrix},$$

$$A_r = \begin{bmatrix} 0 & I \\ -M_r^{-1}K_r & -M_r^{-1}D_r \end{bmatrix}, B_r = \begin{bmatrix} 0 \\ -M_r^{-1}C_r \end{bmatrix}$$

したがって，Σ_c, Σ_r の記述を用いると式 (6.140) はつぎのように書くこともできる。

$$\begin{bmatrix} \dot{x}_c(t) \\ \dot{x}_r(t) \end{bmatrix} = \begin{bmatrix} A_c & 0 \\ 0 & A_r \end{bmatrix} \begin{bmatrix} x_c(t) \\ x_r(t) \end{bmatrix} + \begin{bmatrix} B_c(t) \\ B_r(t) \end{bmatrix} u(t) \tag{6.145}$$

$$y(t) = \begin{bmatrix} C_c & C_r \end{bmatrix} \begin{bmatrix} x_c(t) \\ x_r(t) \end{bmatrix}$$

ここで式 (6.145) は，系全体のモードと制御に利用できる状態の関係を一般的に表したものである。

式 (6.143), (6.144) で表した振動系は，**図 6.7** のように考えることができる。すなわち Σ_c を制御するために用意した入力は同時に Σ_r にも働きかけることになり，Σ_c の状態を推定するために観測量を用いれば，Σ_r の状態からも影響を受けることになる。

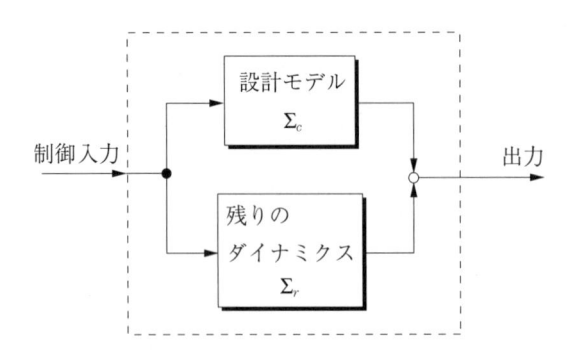

図 6.7 制御モードと剰余モード

6.5.2 制御スピルオーバ

設計モデル Σ_c を安定にするように，状態フィードバック則

$$u(t) = K_c x_c(t) \tag{6.146}$$

を設計した場合を考える．これを Σ_c に適用した場合，閉ループ系は

$$\dot{x}_c(t) = (A_c + B_c K_c) x_c(t) \tag{6.147}$$

となるから，行列 $A_c + B_c K_c$ の固有値の分布を調整できれば制御モードを自在に抑制できることになる．一方，制御則の式 (6.146) を剰余モードも含む系 Σ に施すと閉ループ系は

$$\left[\begin{array}{c} \dot{x}_c(t) \\ \dot{x}_r(t) \end{array} \right] = \left[\begin{array}{cc} A_c + B_c K_c & 0 \\ B_r K_c & A_r \end{array} \right] \left[\begin{array}{c} x_c(t) \\ x_r(t) \end{array} \right] \tag{6.148}$$

となる．系の式 (6.148) の極は行列 $A_c + B_c K_c$ と A_r の固有値を合わせたものになるので，制御系は制御をかけた系 Σ_c のモードと剰余モードを含んでいることがわかる．しかしながら状態 x_c と x_r のふるまいは，もはや独立ではなく x_r は (2,1) ブロックの要素 $B_r K_c$ の存在により，つぎのように制御モードの影響を受けることがわかる．

$$\dot{x}_r(t) = A_r x_r(t) + B_r K_c x_c(t) \tag{6.149}$$

このように剰余モードの本来のふるまいが，Σ_c に施した制御から受ける影響を**制御スピルオーバ**と呼ぶ (**図 6.8**)．

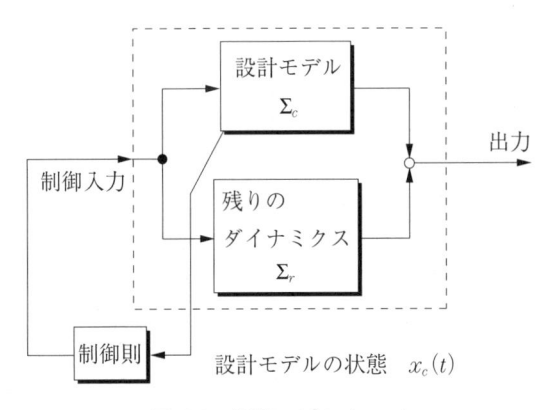

図 **6.8** 制御スピルオーバ

6.5.3 観測スピルオーバ

系 Σ_c の状態を直接測定できることは少なく,ほとんどの場合状態フィードバック則の式 (6.146) を利用するためには,状態を推定するオブザーバを用いる必要がある。ここでは剰余モードとオブザーバの関係を調べる。$x_c(t)$ の推定値を $\hat{x}_c(t)$ とするとオブザーバは

$$\dot{\hat{x}}_c = A_c \hat{x}_c(t) + B_c u(t) + L_c(y(t) - C_c \hat{x}_c(t)) \tag{6.150}$$

となり,これを設計モデル Σ_c に用いる場合には

$$y(t) = C_c x_c(t) \tag{6.151}$$

と考えればよいから,つぎの併合系の式が求められる。

$$\begin{bmatrix} \dot{x}_c(t) - \dot{\hat{x}}_c(t) \\ \dot{x}_c(t) \end{bmatrix} = \begin{bmatrix} A_c - L_c C_c & 0 \\ 0 & A_c \end{bmatrix} \begin{bmatrix} x_c(t) - \hat{x}_c(t) \\ x_c(t) \end{bmatrix} \tag{6.152}$$

したがってオブザーバの推定値 $\hat{x}_c(t)$ が $x_c(t)$ の値を良好に推定するためには,行列 $A_c - L_c C_c$ が安定になるようにオブザーバゲイン L_c を設計すればよい。

つぎにオブザーバの式 (6.150) を制御対象 Σ に適用してみよう。このとき併合系全体は

$$\begin{bmatrix} \dot{x}_c(t) - \dot{\hat{x}}_c(t) \\ \dot{x}_c(t) \\ x_r(t) \end{bmatrix} = \begin{bmatrix} A_c - L_c C_c & 0 & -L_c C_r \\ 0 & A_c & 0 \\ 0 & 0 & A_r \end{bmatrix} \begin{bmatrix} x_c(t) - \hat{x}_c(t) \\ x_c(t) \\ x_r(t) \end{bmatrix} \tag{6.153}$$

と表され,推定誤差 $x_c(t) - \hat{x}_c(t)$ のふるまいは

$$\dot{x}_c(t) - \dot{\hat{x}}_c(t) = (A_c - L_c C_r)(x_c(t) - \hat{x}_c(t)) - L_c C_r x_r(t) \tag{6.154}$$

となるため,剰余モードの影響 $-L_c C_r x_r(t)$ が推定値 $\hat{x}_c(t)$ を乱す可能性がある。このようにオブザーバの状態推定が,剰余モードから受ける影響を**観測スピルオーバ**と呼ぶ (図 **6.9**)。

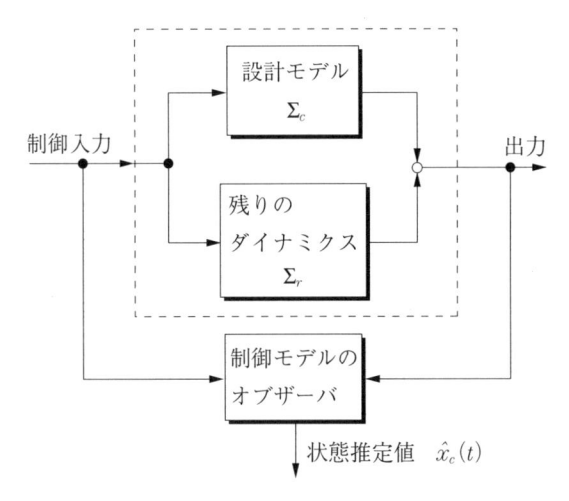

図 **6.9** 観測スピルオーバ

6.5.4 スピルオーバ不安定

6.5.2, 6.5.3 項の観察から，設計モデル Σ_c に施した状態フィードバック制御，オブザーバは剰余モードと無関係ではなく，それぞれ制御スピルオーバ，観測スピルオーバと呼ぶ干渉を起こすことがわかった．本項では，状態推定とそのフィードバック制御を行った場合に起きる現象を述べる．

制御対象 Σ にオブザーバの式 (6.150) と推定値 $\hat{x}_c(t)$ を利用するフィードバック制御

$$u(t) = K_c \hat{x}_c(t) \tag{6.155}$$

を用いることを考える．このとき閉ループ系全体は

$$\begin{bmatrix} \dot{x}_c(t) - \dot{\hat{x}}_c(t) \\ \dot{x}_c(t) \\ x_r(t) \end{bmatrix} = \begin{bmatrix} A_c - L_c C_c & 0 & -L_c C_r \\ -B_c K_c & A_c + B_c K_c & 0 \\ -B_r K_c & B_r K_c & A_r \end{bmatrix} \begin{bmatrix} x_c(t) - \hat{x}_c(t) \\ x_c(t) \\ x_r(t) \end{bmatrix} \tag{6.156}$$

と表され，制御スピルオーバ ($B_r K_c$) と観測スピルオーバ ($L_c C_r$) の影響を同時に受けながらふるまうことになる。

剰余モードがなければ，系 Σ_c と構成した閉ループ系は

$$\begin{bmatrix} \dot{x}_c(t) - \dot{\hat{x}}_c(t) \\ \dot{x}_c(t) \end{bmatrix} = \begin{bmatrix} A_c - L_c C_c & 0 \\ -B_c K_c & A_c + B_c K_c \end{bmatrix} \begin{bmatrix} x_c(t) - \hat{x}_c(t) \\ x_c(t) \end{bmatrix} \quad (6.157)$$

となり，行列 $A_c - L_c B_c$, $A_c + B_c K_c$ が安定であれば，制御系全体の安定性が保証される。しかしながら剰余モードがある場合には，たとえこれらの行列が安定であっても全体のシステム行列が安定になるとは限らず，L_c, K_c の組合せによっては制御系全体が不安定になることすらある。このように制御・観測スピルオーバによって，系全体の安定性が損なわれることを**スピルオーバ不安定**と呼ぶ。

スピルオーバ不安定が生じるメカニズムは，**図 6.10** (a) に基づいてつぎのようにとらえることができる。系に与える制御入力は，残りのダイナミクス Σ_r にも流れるため，そのなかにある剰余モードの一つを励起する可能性もある。もしモードが励起されるとそれらは，観測量に現れるのでオブザーバの状態推定値が大きなものになる。その結果，推定値に基づいて計算された制御入力が大きなものになり，さらに剰余モードを励起することになる。この繰返しにより，状態の一部が発散し系を不安定にしてしまうことがある。

いい換えれば，設計モデルと制御則からなる部分が，残りのダイナミクス Σ_r にはフィードバック則のように働くので，この作用が剰余モードを励起しないように注意しなければならない (**図 6.10** (b))。

6.5.5 センサ・アクチュエータコロケーション

振動系の式 (6.138) において，センサとアクチュエータの位置が一致している場合を考えよう。このとき対象は

6.5 制御系設計とスピルオーバ

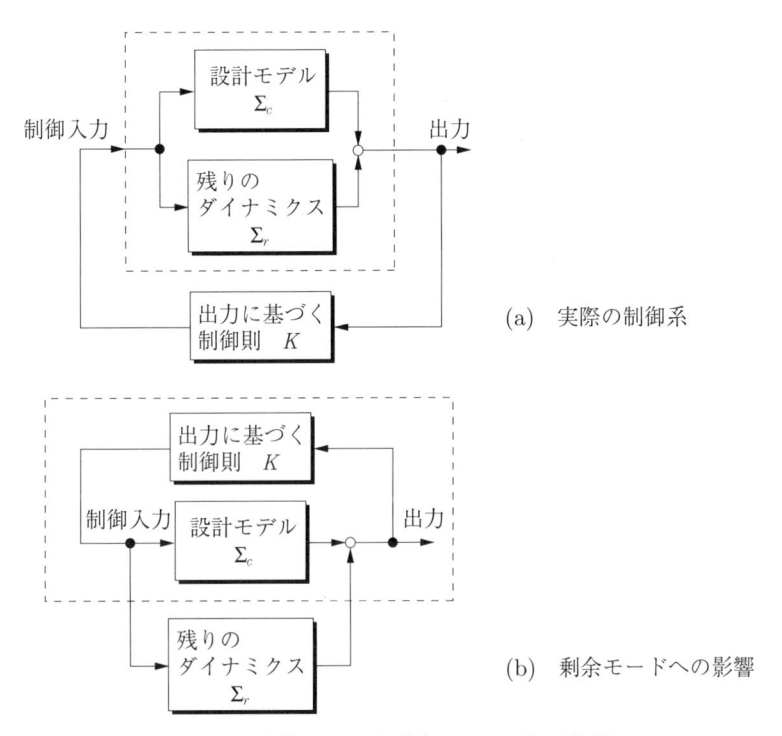

(a) 実際の制御系

(b) 剰余モードへの影響

図 6.10 制御モードと剰余モードの相互作用

$$M\ddot{q}(t) + D\dot{q}(t) + Kq(t) = Lu(t) \tag{6.158}$$

$$y(t) = L^T q(t)$$

となり，入力と出力に関わる行列が L と L^T で表される．ここで L は制御対象へのアクチュエータの力の加わり方を表す行列であり，L^T は変位がセンサを通じてどのように観測されるかを表す行列である．そしてセンサとアクチュエータの位置が一致している場合をコロケーションと呼び，その場合は単純なフィードバックで，制御対象の性質を変化させることができる．

つぎのような変位と速度の直接フィードバックを考えてみよう．

$$u(t) = -R_1 y(t) - R_2 \dot{y}(t), \qquad R_1 > 0, \quad R_2 > 0 \tag{6.159}$$

ここでパラメータ R_1, R_2 は，正定対称な行列に選んでおく．このとき，閉ループ系は

$$M\ddot{q}(t) + (D + LR_2L^T)\dot{q}(t) + (K + LR_1L^T)q(t) = 0 \quad (6.160)$$

となるから，減衰や剛性がそれぞれ LR_2L^T, LR_1L^T だけ増加していることがわかる．

式 (6.159) のような制御則は，制御対象のパラメータを求めなくても適用することができるため，設計は非常に簡便である．

********** 演 習 問 題 **********

【1】 非拘束モード法において，式 (6.69)～(6.75) が導かれることを，以下の順序で確認せよ．

 (1) 式 (6.67), (6.68) を式 (6.62) に代入することにより，式 (6.69), (6.70) を導け．

 (2) 式 (6.67), (6.68) を式 (6.63) に代入して式 (6.70) を用いることにより，式 (6.71), (6.72) を導け．

 (3) 式 (6.66), (6.64) から境界条件の式 (6.73), (6.74) を導け．

 (4) 式 (6.65) から境界条件の式 (6.75) を導け．

【2】 式 (6.69), (6.72) から，関係式 (6.76) が導かれることを確認せよ．

【3】 微分方程式 (6.79)～(6.83) を解き，式 (6.84)～(6.86) が導かれることを示せ．

【4】 $i \neq j$ としたとき，式 (6.121), (6.122) が成り立つことを，以下の順序で確認せよ．

 (1) 式 (6.121) の右辺に部分積分を施すことにより

$$EI \int_0^L \phi_i''(x)\phi_j''(x)\,dx = \\ \omega_i^2 \left\{ \rho A \int_0^L \phi_i(x)\phi_j(x)\,dx + M_e \phi_i(L)\phi_j(L) - J_r p_i p_j \right\} \quad (6.161)$$

  が導かれることを示せ．

 (2) $i \neq j$ すなわち $\omega_i \neq \omega_j$ のとき，式 (6.161) から式 (6.121), (6.122) が導かれることを示せ．

【5】 式 (6.125) から式 (6.126) が導かれることを，以下の順序で確認せよ．

(1) 式 (6.125) 左辺第 1 項が，部分積分により，つぎのように変形できることを示せ．

$$\int_0^L \phi_i(x) EI \frac{\partial^4 y(x,t)}{\partial x^4} dx = \phi_i(L) M_e L \left\{ \ddot{\eta}(t) + \sum_{j=1}^{\infty} p_j \ddot{q}_j(t) \right\} \\ + \sum_{j=1}^{\infty} M_e \phi_i(L) \phi_j(L) \ddot{q}_j(t) + \omega_i^2 q_i(t) \tag{6.162}$$

(2) 式 (6.125) 左辺第 2 項が，つぎのように変形できることを示せ．

$$\int_0^L \phi_i(x) \rho A \{ x \ddot{\theta}(t) + \ddot{y}(x,t) \} dx \\ = \rho A \int_0^L x \phi_i(x) dx \cdot \left\{ \ddot{\eta}(t) + \sum_{j=1}^{\infty} p_j \ddot{q}_j(t) \right\} \\ + \sum_{j=1}^{\infty} \rho A \int_0^L \phi_i(x) \phi_j(x) dx \cdot \ddot{q}_j(t) \tag{6.163}$$

(3) 式 (6.162), (6.163) から，式 (6.126) を導け．

【6】 図 **6.1** の柔軟ビームにおいて，ペイロードがない場合 ($M_e = 0$) の運動方程式を求めよ．

【7】 演習問題【5】と同じ条件で，拘束モードを求めよ．

引用・参考文献

1) 示村悦二郎, 山中一雄：むだ時間を含むシステムの緒問題, 計測と制御, **19**, 11, pp.1051–1056 (1980)
2) 荒木光彦ほか：むだ時間システムの制御特集号, システムと制御, **28**, 5, pp.265–341 (1984)
3) R.Bellman and K.L.Cooke：Differntial-Difference Equations, Academic Press (1963)
4) J.Hale：Theory of Functional Differential Equations, Springer Verlag (1977)
5) 山本 裕, 渡部慶二：むだ時間システムの解析と制御——遅れ型から中立型へ——, システムと制御, **30**, 7, pp.401–409 (1986)
6) 中野道雄, 井上 悳, 山本 裕, 原 辰次：繰返し制御, 計測自動制御学会 (1989)
7) H. Logemann：On the Transfer Matrix of a Neutral System: Characterizations of Exponential Stability in Input-Output Terms, System & Control Letters, **9**, pp.393–400 (1987)
8) 森 武宏：むだ時間システムの安定解析法, システムと制御, **28**, 8, pp.493–501 (1984)
9) 渡部慶二：むだ時間システムの制御, 計測自動制御学会 (1993)
10) S.Niculescu：Delay Effects on Stability—A Robust Control Approach—, Springer Verlag (2001)
11) Keqin Gu, et al.：Stability of Time-Delay Systems, Birkhaeuser (2003)
12) K.L.Cooke and Z.Grossman：Discrete Delay, Distributed Delay and Stability Switches, J.Mathematical Analysis Applications, **86**, pp.592–627 (1982)
13) 須田信英ほか：PID 制御 (システム制御情報ライブラリー), 朝倉書店 (1992)
14) 北森俊行：制御対象の部分的知識に基づく制御形の設計法, 計測自動制御学会論文集, **15**, 4, pp.549–555 (1979)
15) O.J.M.Smith：A Controller to Overcome Dead Time, ISA J., **6**, pp.28–33 (1959)
16) Z. Palmor：Stability Properties of Smith Dead-Time Compensator, Int.J.Control, **32**, 6, pp.937–949 (1980)

17) K. Yamanaka and E. Shimemura：Effects of Mismatched Smith Controller on Stability in Systems with Time-delay, Automatica, **23**, 6, pp.787–791 (1987)
18) 花熊克友，中西英二：プロセス制御の基礎と実践，朝倉書店，pp.111–112 (1992)
19) M. Morari and E. Zafiriou：Robust Process Control, Prentice-Hall (1997)
20) N. Abe：Practically Stability and Disturbance Rejection of Internal Model Control for Time-delay Systems, Proc.of 35th IEEE Conference on Decision and Control, **2**, pp.1621–1622 (1996)
21) W.S.Lee, et al.：On Robust Peformance Improvement through the Windsufer Approach to Adaptive Robust Control, Proc.of 32nd IEEE Conference on Decision and Control, pp.2821–2827 (1993)
22) 阿部直人，市原裕之：むだ時間系に対する IMC 構造を用いた閉ループ同定と補償器の繰り返し設計，計測自動制御学会論文集，**36**, 7, pp.563–568 (2000)
23) 美多 勉：H^∞ 制御，昭晃堂 (1994)
24) 木村英紀，藤井隆雄，森 武宏：ロバスト制御 (現代制御シリーズ)，コロナ社 (1994)
25) 吉川恒夫，井村順一：現代制御論，昭晃堂 (1994)
26) 森 泰親：制御工学 (大学講義シリーズ)，コロナ社 (2001)
27) 劉 康志：線形ロバスト制御 (計測・制御テクノロジーシリーズ)，コロナ社 (2002)
28) 児島 晃：むだ時間系の H^∞ 制御，システム/制御/情報，**39**, 2, pp.74–80 (1995)
29) A.Kojima, K.Uchida, E.Shimemura, and S.Ishijima：Robust Stabilization of a System with Delays in Control, IEEE Trans. on Automatic Control, **39**, 8, pp.1694–1698 (1994)
30) 児島 晃，内田健康，示村悦二郎：入力にむだ時間を含む系のロバスト安定化，計測自動制御学会論文集，**29**, 3, pp.319–325 (1993)
31) 児島 晃，石島辰太郎：予見・遅れをともなう方策と H^∞ 制御，システム制御情報学会論文誌，**15**, 7, pp.368–377 (2002)
32) 児島 晃：むだ時間系と予測制御，計測と制御，**35**, 12, pp.955–956 (1996)
33) 計測自動制御学会編：自動制御ハンドブック基礎編―分布定数システム―，オーム社，pp.735–761 (1983)
34) 山本 裕：システムと制御の数学 (システム制御情報ライブラリー)，朝倉書店 (1998)
35) 曹 広益，嘉納秀明：壁の影響を考慮した熱交換器の動特性の根軌跡による検討，計測自動制御学会論文集，**21**, 9, pp.934–941 (1985)

36) 嘉納秀明：重みつき残差法による分布系熱交換器の近似, 計測自動制御学会論文集, **12**, 6, pp.632–636 (1976)
37) 川崎直哉, 示村悦二郎：指定領域に極を配置する状態フィードバック則の設計法, 計測自動制御学会論文集, **15**, 4, pp.451–457 (1979)
38) 示村悦二郎, 内田健康, 久保智裕：状態にむだ時間を含むシステムにおける折り返し法, 計測自動制御学会論文集, **23**, 6, pp.597–603 (1987)
39) K.Uchida and E.Shimemura：Closed-loop Property of the Infinite-time Linear-quadratic Optimal Regulator for Systems with Delays, International Journal of Control, **43**, 3, pp.773–779 (1986)
40) Sun Shun-hua：On Spectrum Distribution of Completely Controllable Linear Systems, SIAM Journal on Control and Optimization, **19**, 6, pp.730–743 (1981)
41) 阿部直人, 嘉納秀明：あるクラスの双曲型分布系に対する最適レギュレータの性質, 計測自動制御学会論文集, **29**, 4, pp.395–400 (1993)
42) 熊澤典良, 阿部直人, 嘉納秀明：固有関数展開による分布定数系の折り返し法, 計測自動制御学会論文集, **31**, 10, pp.1579–1585 (1995)
43) 熊澤典良, 石塚晃一, 阿部直人, 嘉納秀明：折り返し法による分布系熱交換器の温度制御, システム制御情報学会論文誌, **9**, 6, pp.287–295 (1996)
44) 嘉納秀明：集中と分布 [IV] -近似モデリングの方法, 計測と制御, **26**, 11, pp.968–976 (1987)
45) 松野文俊, 池田雅夫：宇宙構造物のための制御理論—集中定数アプローチ—, 計測と制御, システム/制御/情報, **39**, 3, pp.124–129 (1995)
46) 吉田和夫：柔軟構造物のモデリングと制御理論, 計測と制御, **32**, 4, pp.276–283 (1993)

演習問題の解答

1章

【1】
$$\mathcal{L}[f(t-L)] = \int_0^\infty e^{-st} f(t-L) dt = \int_0^\infty e^{-Ls} e^{-s\tau} f(\tau) d\tau = e^{-Ls} F(s)$$

【2】 $G(s) = C(sI - A)^{-1} B e^{-Ls}$

【3】 $X(s) = (sI - A)^{-1} B, \quad Y(s) = CX(s) e^{-Ls}$

から求まる。

【4】 $\det[sI - A - Bk e^{-Ls}] = 0$

遅れ型むだ時間系の特性関数の形になり，無限個の極が並ぶ。

【5】
$$e^{-Ls} \fallingdotseq \frac{1 - \frac{1}{3}Ls}{1 + \frac{2}{3}Ls + \frac{1}{6}L^2 s^2}$$

2章

【1】
$$\frac{y}{d} = \frac{\dfrac{G}{C}}{\dfrac{1}{C} + G}$$

となり，出力外乱の場合と同様に，ループゲインを上げると入力外乱の影響は小さくなる。

【2】 $K = 2.4, 1.6$ のときの値は次表のようになる。

制御形態	比例ゲイン (K_P)	積分時間 (T_I)	微分時間 (T_D)
$K = 2.4$			
PI	0.0910	3.4048	-
PID	0.1119	3.9136	0.0192
$K = 1.6$			
PI	0.1365	3.4048	-
PID	0.1678	3.9136	0.0288

制御対象のゲインが変わっているので K_P がおもに変化する。T_I がまるで変化しないのは，T_I は a_1/a_0 において K を相殺し，σ を求める方程式でも，K は影響しないためである。参考までに実プラントは式 (2.5) とし，設計モデルを $K = 2.4, 1.6$ としたときの PID 制御のシミュレーション結果を**解答図 2.1** に示す。

(a) $K = 2.4$　　　　(b) $K = 1.6$

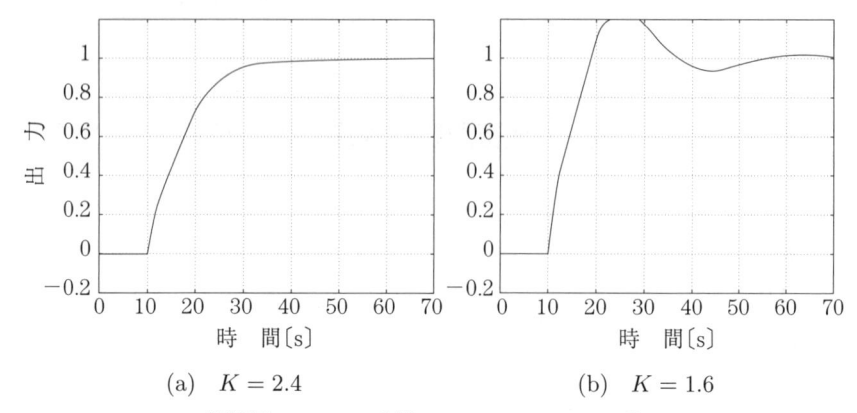

解答図 2.1　PID 制御のシミュレーション結果

【3】 **解答図 2.2** に示す IMC 構造のブロック線図になる。

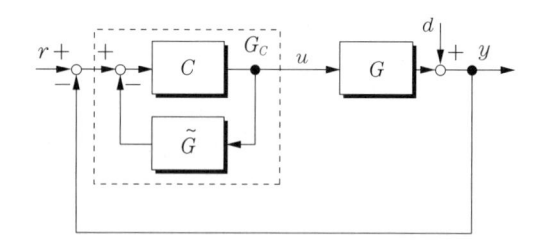

解答図 2.2　IMC 構造のブロック線図 (1)

$$G_C = \frac{C}{1 - \widetilde{G}C}$$

プラントがむだ時間系の場合はモデルを $\widetilde{G}e^{-\widetilde{L}s}$ とすれば明らか。

【4】
$$C = \frac{G_C}{1 + \widetilde{G}G_C}$$

となり，これをブロック線図で書き表すと**解答図 2.3** になる。

3 章

【1】 はじめに行列指数関数 e^{At} を計算する。ここでは，e^{At} のラプラス変換が $(sI - A)^{-1}$ である性質を用い，$(sI - A)^{-1}$ の各要素を逆ラプラス変換することにより求める。

$$e^{At} = \mathcal{L}^{-1}\left\{(sI - A)^{-1}\right\} = \mathcal{L}^{-1}\left\{\begin{bmatrix} s & -1 \\ 1 & s \end{bmatrix}\right\}$$

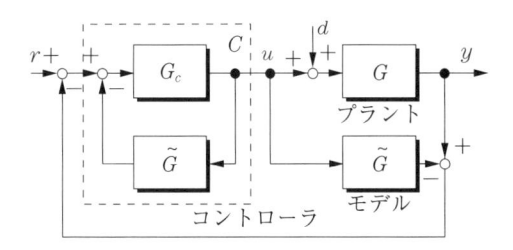

解答図 2.3 IMC 構造のブロック線図 (2)

$$= \mathcal{L}^{-1}\left\{\begin{bmatrix} \dfrac{s}{s^2+1} & \dfrac{1}{s^2+1} \\ \dfrac{-1}{s^2+1} & \dfrac{s}{s^2+1} \end{bmatrix}\right\} = \begin{bmatrix} \cos t & \sin t \\ -\sin t & \cos t \end{bmatrix} \quad \text{(A.1)}$$

であることから

$$e^{-A\pi}B = \begin{bmatrix} -1 & 0 \\ 0 & -1 \end{bmatrix}\begin{bmatrix} 0 \\ 1 \end{bmatrix} = \begin{bmatrix} 0 \\ -1 \end{bmatrix}$$

となり, 式 (3.16) が導かれる。

つぎに系の式 (3.16) に対して, 極を $-1, -3$ に配置する制御則を求める。制御則を $u(t) = Kp(t)$, $K = [k_1, k_2]$ と表し, 系の式 (3.16) に適用すると閉ループ系は

$$\dot{p}(t) = \begin{bmatrix} 0 & 1 \\ -1-k_1 & -k_2 \end{bmatrix} p(t) \quad \text{(A.2)}$$

となり, 特性多項式はつぎのように求められる。

$$\det\left\{sI - \begin{bmatrix} 0 & 1 \\ -1-k_1 & -k_2 \end{bmatrix}\right\} = s^2 + k_2 s + (k_1+1) \quad \text{(A.3)}$$

系の式 (A.2) が $-1, -3$ に極を持つとき, 特性多項式 (A.3) は $(s+1)(s+3)$ に一致するから, 係数の対応から, $k_1 = 2$, $k_2 = 4$ が求められる。

【2】 はじめに仮想的な集中定数系, 式 (3.16) を求める。e^{At} は, 3 章の演習問題 **【1】** の解説から, 式 (A.1) のように求められる。よって $e^{-A(\pi/2)}B$ を計算することにより, 系の式 (3.16) がつぎのように求められる。

$$\dot{p}(t) = \begin{bmatrix} 0 & 1 \\ -1 & 0 \end{bmatrix} p(t) + \begin{bmatrix} -1 \\ 0 \end{bmatrix} u(t) \quad \text{(A.4)}$$

制御則を $u(t) = Kp(t)$, $K = [\,k_1, k_2\,]$ と表し，系の式 (A.4) に適用すると閉ループ系は

$$\dot{p}(t) = \begin{bmatrix} -k_1 & 1-k_2 \\ -1 & 0 \end{bmatrix} p(t) \tag{A.5}$$

となり，特性多項式はつぎのように求められる。

$$\det\left\{ sI - \begin{bmatrix} -k_1 & 1-k_2 \\ -1 & 0 \end{bmatrix} \right\} = s^2 + k_1 s + (1-k_2) \tag{A.6}$$

系の式 (A.5) が $-1, -3$ に極を持つとき，特性多項式 (A.3) は $(s+1)(s+2)$ に一致するから，係数の対応から，$k_1 = 3$, $k_2 = -1$ である。状態予測制御の式 (3.13) はつぎのように求められる。

$$u(t) = [\,3 \ -1\,] \left\{ x(t) + \int_{-\frac{\pi}{2}}^{0} \begin{bmatrix} -\cos\left(\beta + \frac{\pi}{2}\right) & \sin\left(\beta + \frac{\pi}{2}\right) \\ -\sin\left(\beta + \frac{\pi}{2}\right) & -\cos\left(\beta + \frac{\pi}{2}\right) \end{bmatrix} \right.$$

$$\left. \times \begin{bmatrix} -1 \\ 0 \end{bmatrix} u(t+\beta)\,d\beta \right\}$$

$$u(t) = [\,3 \ -1\,] \left\{ x(t) + \int_{-\frac{\pi}{2}}^{0} \begin{bmatrix} \cos\left(\beta + \frac{\pi}{2}\right) \\ \sin\left(\beta + \frac{\pi}{2}\right) \end{bmatrix} u(t+\beta)\,d\beta \right\}$$

$$= [\,3 \ -1\,]x(t) + \int_{-\frac{\pi}{2}}^{0} (-3\sin\beta - \cos\beta) u(t+\beta)\,d\beta \tag{A.7}$$

【3】 解答図 **3.1** のように一般化プラントを定めると，本問題は $\gamma = 1$ と定めた H^∞ 制御問題により表される。一般化プラント (**解答図 3.1**) は，状態を $x = [\,x_a^T, x_m^T, x_p^T\,]$ と定めると，つぎのように求められる。

$$\dot{x}(t) = Ax(t) + Dw(t) + Bu(t-L)$$

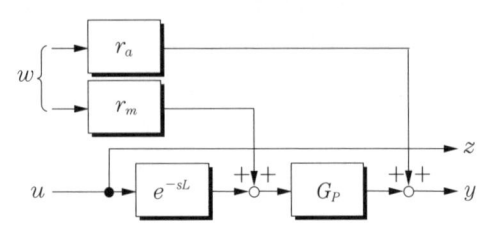

解答図 3.1 一般化プラント

演 習 問 題 の 解 答

$$z(t) = u(t) \tag{A.8}$$
$$y(t) = Cx(t) + D_0 w(t)$$
$$A := \begin{bmatrix} A_a & 0 & 0 \\ 0 & A_m & 0 \\ 0 & B_p C_m & A_p \end{bmatrix}, \quad D := \begin{bmatrix} B_a & 0 \\ 0 & B_m \\ 0 & d_m \cdot B_p \end{bmatrix},$$
$$B := \begin{bmatrix} 0 \\ 0 \\ B_p \end{bmatrix}, \quad C := \begin{bmatrix} C_a & 0 & C_p \end{bmatrix}, \quad D_0 := \begin{bmatrix} d_a \cdot I & 0 \end{bmatrix}$$

よって式 (A.8) は，式 (3.109) の記述において，$F = 0$ の場合に対応する。よって条件 (D) が成り立つので，**定理3.2** が適用できる。

4章

【1】 双曲線関数について簡単にまとめておく。
$$\cosh z := \frac{e^z + e^{-z}}{2}, \quad \sinh z := \frac{e^z - e^{-z}}{2},$$
$$\cos(jz) = \cosh z, \quad \sin(jz) = j \sin z,$$
$$\cosh^2 z - \sinh^2 z = 1$$

$\cosh z$, $\sinh z$ は平面全体において正則で
$$\frac{\partial}{\partial z} \cosh z = \sinh z, \quad \frac{\partial}{\partial z} \sinh z = \cosh z$$

加法定理
$$\begin{cases} \cosh(z_1 + z_2) &= \cosh z_1 \cosh z_2 + \sinh z_1 \sinh z_2 \\ \sinh(z_1 + z_2) &= \sinh z_1 \cosh z_2 + \cosh z_1 \sinh z_2 \end{cases}$$

三角関数と微分や加法定理の符号が違うことに注意して，演算すること。

【2】 式 (4.10) において $\sqrt{\dfrac{s}{a^2}}$ を $\sqrt{\dfrac{h+s}{a^2}}$ に置き換えればよい。

5章

【1】 手順は集中定数系の最適レギュレータの証明と同じであるが，式が煩雑になるので，注意すること。dV/dt を計算し，Riccati 方程式 (5.57) と境界条件を代入しまとめる。
$$\frac{dV}{dt} = \int_0^1 \int_0^1 \frac{\partial \theta^T(t, \alpha)}{\partial t} P(\alpha, \beta) \theta(t, \beta) d\alpha d\beta$$

$$
\begin{aligned}
&+ \int_0^1 \int_0^1 \theta^T(t,\alpha) P(\alpha,\beta) \frac{\partial \theta(t,\beta)}{\partial t} d\alpha d\beta \\
&= \int_0^1 \int_0^1 \left[\frac{\partial \theta^T(t,\alpha)}{\partial \alpha} A_0^T + \theta^T(t,\alpha) A_1^T + u^T(t) B^T(\alpha) \right] \\
&\quad \times P(\alpha,\beta) \theta(t,\beta) d\alpha d\beta \\
&\quad + \int_0^1 \int_0^1 \theta^T(t,\alpha) P(\alpha,\beta) \\
&\quad \times \left[A_0 \frac{\partial \theta(t,\beta)}{\partial \beta} + A_1 \theta(t,\beta) + B(\beta) u(t) \right] d\alpha d\beta \\
&= \int_0^1 \int_0^1 \frac{\partial \theta^T(t,\alpha)}{\partial \alpha} A_0^T P(\alpha,\beta) \theta(t,\beta) d\alpha d\beta \\
&\quad + \int_0^1 \int_0^1 \left[\theta^T(t,\alpha) A_1^T + u^T(t) B^T(\alpha) \right] P(\alpha,\beta) \theta(t,\beta) d\alpha d\beta \\
&\quad + \int_0^1 \int_0^1 \theta^T(t,\alpha) P(\alpha,\beta) A_0 \frac{\partial \theta(t,\beta)}{\partial \beta} d\alpha d\beta \\
&\quad + \int_0^1 \int_0^1 \theta^T(t,\alpha) P(\alpha,\beta) \left[A_1 \theta(t,\beta) + B(\beta) u(t) \right] d\alpha d\beta \\
&= \int_0^1 \theta^T(t,1) A_0^T P(1,\beta) \theta(t,\beta) d\beta \\
&\quad - \int_0^1 \theta^T(t,0) A_0^T P(0,\beta) \theta(t,\beta) d\beta \\
&\quad - \int_0^1 \int_0^1 \theta^T(t,\alpha) A_0^T \frac{\partial P(\alpha,\beta)}{\partial \alpha} \theta(t,\beta) d\alpha d\beta \\
&\quad + \int_0^1 \int_0^1 \left[\theta^T(t,\alpha) A_1^T + u^T(t) B^T(\alpha) \right] P(\alpha,\beta) \theta(t,\beta) d\alpha d\beta \\
&\quad + \int_0^1 \theta^T(t,\alpha) P(\alpha,1) A_0 \theta(t,1) d\alpha \\
&\quad - \int_0^1 \theta^T(t,\alpha) P(\alpha,0) A_0 \theta(t,0) d\alpha \\
&\quad - \int_0^1 \int_0^1 \theta^T(t,\alpha) \frac{\partial P(\alpha,\beta)}{\partial \beta} A_0 \theta(t,\beta) d\alpha d\beta \\
&\quad + \int_0^1 \int_0^1 \theta^T(t,\alpha) P(\alpha,\beta) \left[A_1 \theta(t,\beta) + B(\beta) u(t) \right] d\alpha d\beta \\
&= - \int_0^1 \int_0^1 \theta^T(t,\alpha) Q(\alpha,\beta) \theta(t,\beta) d\alpha d\beta - u^T(t) R u(t)
\end{aligned}
$$

$$+ \left\| R^{\frac{1}{2}}\left[u(t) + \int_0^1\int_0^1 R^{-1}B^T(\alpha)P(\alpha,\beta)\theta(t,\beta)d\alpha d\beta\right]\right\|_{L^2}^2 \tag{A.9}$$

また

$$V(\infty) - V(0) = \int_0^\infty \frac{dV(t)}{dt}dt \tag{A.10}$$

であることから，評価関数の式 (5.54) は

$$J = V(0) + \int_0^\infty \left\| R^{\frac{1}{2}}\left[u(t) + \int_0^1\int_0^1 R^{-1}B^T(\alpha)P(\alpha,\beta)\theta(t,\beta)d\alpha d\beta\right]\right\|_{L^2}^2 dt \tag{A.11}$$

となる．よって，J を最小にする制御入力は式 (5.55) で示されるフィードバック則であり，そのときの最適評価関数値は $V(0)$ となる．

6 章

【1】非拘束モード法：式 (6.69)～(6.75) の導出．

(1) 式 (6.67), (6.68) を式 (6.62) に代入するとつぎの関係が得られる．

$$J_r\ddot{\eta}(t) + J_r p\ddot{q}(t) + \rho A\int_0^L x\phi(x)\,dx\ddot{q}(t) + M_e L\phi(L)\ddot{q}(t) = 0 \tag{A.12}$$

そして式 (6.67) の定義から，$q(t)$ と $\eta(t)$ は独立なので，$\ddot{q}(t)$ の係数が 0 になるように p を定めると，式 (6.69), (6.70) が導かれる．

(2) 式 (6.67), (6.68) を式 (6.63) に代入して式 (6.70) を用いると，つぎの関係が導かれる．

$$EI\frac{d^4\phi(x)}{dx^4}q(t) + \rho A\{px + \phi(x)\}\ddot{q}(t) = 0 \tag{A.13}$$

式 (6.68) の定義から，$\phi(x)$ と $q(t)$ は独立なので，式 (A.13) で $\ddot{q}(t)$ の係数を定数 ω^2 で置き換えると，式 (6.71), (6.72) が導かれる．

(3) 式 (6.68) を代入することにより，直接導かれる．

(4) 式 (6.65) に式 (6.70), (6.71) を代入し，さらに式 (6.70) より $\ddot{\eta}(t) = 0$ とできることを用いると，式 (6.75) が導かれる．

【2】式 (6.76) の導出：式 (6.72) より

$$\phi(x) = \frac{EI}{\rho A\omega^2}\cdot\frac{d^4\phi(x)}{dx^4} - px \tag{A.14}$$

を式 (6.69) に代入すると

$$J_r p + \frac{EI}{\omega^2} \int_0^L x \frac{d^4\phi(x)}{dx^4}\,dx - \rho A p \int_0^L x^2\,dx + M_e L \phi(L) = 0 \tag{A.15}$$

となる．さらに右辺第 2 項の積分は，式 (6.74), (6.75) を用いて

$$\begin{aligned}
\int_0^L x \frac{d^4\phi(x)}{dx^4}\,dx &= \left[x \frac{d^3\phi(x)}{dx^3} \right]_{x=0}^{x=L} - \int_0^L \frac{d^3\phi(x)}{dx^3}\,dx \\
&= L\phi'''(L) + \phi''(0) \\
&= -\frac{M_e L}{EI}\omega^2 \{pL + \phi(L)\} + \phi''(0) \tag{A.16}
\end{aligned}$$

と計算できるので式 (A.15) は

$$\left(J_r - M_e L^2 - \frac{\rho A L^3}{3} \right) p + \frac{EI}{\omega^2} \phi''(0) = 0 \tag{A.17}$$

となり，式 (6.40) に注意すれば式 (6.76) が導かれる．

【3】 微分方程式 (6.79)〜(6.83) の解：微分方程式 (6.79) は式 (6.47) と同じ形をしており，一般解は

$$\Phi(x) = d_1 \cos\gamma x + d_2 \sin\gamma x + d_3 \cosh\gamma x + d_4 \sinh\gamma x \tag{A.18}$$

と表される．そこで条件の式 (6.80)〜(6.83) が成り立つように係数 d_1, d_2, d_3, d_4 と γ を定める．境界条件 (6.80)〜(6.82) が成り立つことから，係数 d_1, d_2, d_3, d_4 の間にはつぎの関係がある．

$$d_2 + d_4 = 0 \tag{A.19}$$

$$d_1 - 2\gamma \frac{EI}{J_0 \omega^2} d_2 + d_3 = 0 \tag{A.20}$$

$$d_1 \sin\gamma L + d_2 \cos\gamma L - d_3 \sinh\gamma L - d_4 \cosh\gamma L = 0 \tag{A.21}$$

そこで任意定数を b とすれば

$$d_1 = -d_3 = -b(\sinh\gamma L + \sin\gamma L) \tag{A.22}$$

$$d_2 = b(\cosh\gamma L + \cos\gamma L - 2X \sinh\gamma L) \tag{A.23}$$

$$d_4 = -b(\cosh\gamma L + \cos\gamma L + 2X \sin\gamma L) \tag{A.24}$$

と与えられる．さらに係数 d_1, d_2, d_3, d_4 を式 (A.22)〜(A.24) のように与えたあと，境界条件の式 (6.83) が成り立つためには γ を式 (6.86) の根になるように選べばよい．

【4】 直交条件の式 (6.121), (6.122) の導出．

(1) 式 (6.121) は右辺に部分積分を施し，式 (6.72)〜(6.75) を用いると

$$EI \int_0^L \phi_i''(x)\phi_j''(x)\,dx$$
$$= EI\left[\phi_i''(x)\phi_j'(x)\right]_{x=0}^{x=L} - EI\left[\phi_i'''(x)\phi_j(x)\right]_{x=0}^{x=L}$$
$$+ EI\int_0^L \frac{d^4\phi_i(x)}{dx^4}\phi_j(x)\,dx$$
$$= \omega_i^2\left\{\rho A\int_0^L \phi_i(x)\phi_j(x)\,dx + M_e\phi_i(L)\phi_j(L)\right\}$$
$$+ \omega_i^2 p_i\left\{\rho A\int_0^L x\phi_j(x)\,dx + M_e L\phi_j(L)\right\}$$

となり，さらに第2項に式(6.69)を用いれば式(6.161)が導かれる。

(2) 添え字 i, j を逆にして変形すれば，式(6.161) は同時に

$$EI\int_0^L \phi_i''(x)\phi_j''(x)\,dx$$
$$= \omega_j^2\left\{\rho A\int_0^L \phi_i(x)\phi_j(x)\,dx + M_e\phi_i(L)\phi_j(L) - J_r p_i p_j\right\} \quad (A.25)$$

と表せる。よって式(6.161)，(A.25) 両辺の差をとれば， $i \neq j$ すなわち $\omega_i^2 \neq \omega_j^2$ のとき，式(6.121) が成り立つ。また $\omega_i^2 \neq 0$ なので，式(6.161) から式(6.122) が示される。

【5】モードの方程式(6.126)の導出。

(1) 式(6.125) 左辺第1項は，部分積分により

$$\int_0^L \phi_i(x)EI\frac{\partial^4 y(x,t)}{\partial x^4}\,dx$$
$$= \left[\phi_i(x)EI\frac{\partial^3 y(x,t)}{\partial x^3}\right]_{x=0}^{x=L} - \left[\phi_i'(x)EI\frac{\partial^2 y(x,t)}{\partial x^2}\right]_{x=0}^{x=L}$$
$$+ EI\int_0^L \phi_i''(x)\frac{\partial^2 y(x,t)}{\partial x^2}\,dx$$

となるので式(6.73)，(6.102)，(6.103) を用い，さらに式(6.119)～(6.121) を代入すれば，式(6.162) が得られる。

$$= \phi_i(L)M_e\{L\ddot{\theta}(t) + \ddot{y}(L,t)\} + EI\int_0^L \phi_i''(x)\frac{\partial^2 y(x,t)}{\partial x^2}\,dx$$
$$= \phi_i(L)M_e L\ddot{\theta}(t) + \sum_{j=1}^{\infty} M_e\phi_i(L)\phi_j(L)\ddot{q}_j(t)$$

$$+ \sum_{j=1}^{\infty} EI \int_0^L \phi_i''(x)\phi_j''(x)\,dx \cdot q_j(t)$$

$$= \phi_i(L) M_e L \left\{ \ddot{\eta}(t) + \sum_{j=1}^{\infty} p_j \ddot{q}_j(t) \right\}$$

$$+ \sum_{j=1}^{\infty} M_e \phi_i(L) \phi_j(L) \ddot{q}_j(t) + \omega_i^2 q_i(t)$$

(2) 式 (6.125) 左辺第 2 項は式 (6.119), (6.120) を用いてつぎのように計算される。

$$\int_0^L \phi_i(x) \rho A \{x\ddot{\theta}(t) + \ddot{y}(x,t)\}\,dx$$

$$= \rho A \int_0^L x\phi_i(x)\,dx \cdot \ddot{\theta}(t) + \sum_{j=1}^{\infty} \rho A \int_0^L \phi_i(x)\phi_j(x)\,dx \cdot \ddot{q}(t)$$

$$= \rho A \int_0^L x\phi_i(x)\,dx \cdot \left\{ \ddot{\eta}(t) + \sum_{j=1}^{\infty} p_j \ddot{q}_j(t) \right\}$$

$$+ \sum_{j=1}^{\infty} \rho A \int_0^L \phi_i(x)\phi_j(x)\,dx \cdot \ddot{q}(t)$$

(3) 式 (6.162), (6.163) から，条件の式 (6.125) は

$$\sum_{j=1}^{\infty} \left[\rho A \int_0^L \phi_i(x)\phi_j(x)\,dx + M_e \phi_i(L)\phi_j(L) \right] \ddot{q}_j(t)$$

$$+ \left[\rho A \int_0^L x\phi_i(x)\,dx + M_e L \phi_i(L) \right] \cdot \left\{ \ddot{\eta}(t) + \sum_{j=1}^{\infty} p_j \ddot{q}_j(t) \right\}$$

$$+ \omega_i^2 q_i(t) = 0 \tag{A.26}$$

となり，さらに直交条件の式 (6.122) と式 (6.69)，(6.124) を用いれば式 (6.126) が導かれる。

【6】 この場合，ペイロードの運動エネルギーは考えなくてよいので，式 (6.14) の T_3 を除いて，ハミルトンの原理を適用する。同様の計算により，つぎの運動方程式が得られる。

$$J_{r0}\ddot{\theta}(t) + \rho A \int_0^L x\ddot{y}(x,t)\,dx = u(t) \tag{A.27}$$

$$EI \frac{\partial^4 y(x,t)}{\partial x^4} + \rho A \{x\ddot{\theta}(t) + \ddot{y}(x,t)\} = 0 \tag{A.28}$$

$$\frac{\partial^2 y(L,t)}{\partial x^2} = 0 \tag{A.29}$$

$$EI\frac{\partial^3 y(L,t)}{\partial x^3} = 0 \tag{A.30}$$

$$y(0,t) = \frac{\partial y(0,t)}{\partial x} = 0 \tag{A.31}$$

$$J_{r0} := J_0 + \frac{\rho A L^3}{3} \tag{A.32}$$

【7】 条件 $u(t) \equiv 0$, $\ddot{\theta}(t) \equiv 0$ を設けて，さらに $M_e = 0$ に注意すると，式 (6.2)，式 (6.37)〜(6.39) からつぎの方程式が得られる．

$$EI\frac{\partial^4 y(x,t)}{\partial x^4} + \rho A \ddot{y}(x,t) = 0 \tag{A.33}$$

$$\frac{\partial^2 y(L,t)}{\partial x^2} = 0 \tag{A.34}$$

$$EI\frac{\partial^3 y(L,t)}{\partial x^3} = 0 \tag{A.35}$$

$$y(0,t) = \frac{\partial y(0,t)}{\partial x} = 0 \tag{A.36}$$

そして，解を変数分離法で求めるために

$$y(x,t) := \psi(x) r(t) \tag{A.37}$$

とおき，関数 $\psi(x)$, $r(t)$ が満たす条件を整理する．式 (6.71), (6.72) を，条件 $\phi(0) = \phi'(0) = \phi''(L) = \phi'''(L) = 0$ のもとで整理し，式を解くとつぎの解が得られる．

$$\begin{aligned}\psi(x) = {} & a\,[(\sinh\beta L + \sin\beta L)(\cosh\beta x - \cos\beta x) \\ & -(\cosh\beta L + \cos\beta L)(\sinh\beta x - \sin\beta x)]\end{aligned} \tag{A.38}$$

ここで a は任意定数，$\beta^4 = \dfrac{\rho A \Omega^2}{EI}$ であり，$\beta > 0$ は方程式

$$1 + \cosh\beta L \cos\beta L = 0 \tag{A.39}$$

の根である．

索引

【い】
位相進み遅れ補償器　27
位相進み補償器　27
一般化プラント　70

【え】
影響関数　135

【お】
オイラー—ベルヌーイ梁　111, 141
遅れ型むだ時間系　6
遅れ型 chain　8
重み付き残差法　115

【か】
カウツ近似　6
加法的摂動　77
ガレルキン法　118, 131
観測スピルオーバ　172
感度　24, 40
感度関数　37

【き】
極　24
極配置　53, 55

【く】
クラソフスキー型　15

【け】
ゲイン変動　84
限界感度法　25

【こ】
拘束モード法　150
向流熱交換器　108
固有関数展開　133
固有値方程式　134

【さ】
最小位相　38
最適レギュレータ問題　59
差分法　115
サーボ系　63
参照モデル　29

【し】
試行関数　118, 130
指数安定度　56, 89
実用安定　35
時定数　21, 38
柔軟なビーム　140
状態予測制御　46
乗法的摂動　83
除去可能な特異点　108
真性特異点　7, 123

【す】
スピルオーバ　115
スピルオーバ不安定　173, 174
スミス法　33
スモールゲイン定理　76

【せ】
制御スピルオーバ　171
漸近近似法　124

【そ】
相補感度関数　37

【た】
単管熱交換器　105

【ち】
中立型むだ時間系　6
中立型 chain　10

【て】
停留条件　148

【と】
同一次元オブザーバ　50, 66

【な】
ナイキストの安定判別法　16
内部モデル制御　33

【に】
2元ラプラス変換　99
2自由度　127
2自由度系 IMC 制御　42
入力むだ時間系　6

【ね】
熱拡散系　100
熱拡散方程式　97

【は】
パディ近似　3
波動系　103
波動方程式　103

ハミルトンの原理	142	

【ひ】

非拘束モード法	153	
非最小位相	24, 38	

【ふ】

部分系	136	
部分的モデルマッチング法	29	
フレキシブルアーム	111	

【へ】

並流熱交換器	106	
閉ループ系の極	56	

【ほ】

ポントリヤーギンの判別法	12	

【む】

無限次元	96	
むだ時間に依存しない安定性	13	
むだ時間変動	84	

【も】

モード	149	
モード展開法	158	

【ゆ】

輸送型分布定数系	105	

【ら】

ラゲール近似	6	

【り】

リアプノフの安定論	14	
リカッチ方程式	61	

【ろ】

ロバスト安定化問題	75	
ロバスト安定条件	39	

【E】

Euler-Bernoulli 梁	111, 141	

【G】

Galerkin 法	118	

【H】

H^∞ 制御法	68	
H^∞ 制御問題	70	
H^∞ ノルム	68	

【I】

IMC 制御	33	

【K】

I-PD 制御	32	
Kautz 近似	6	
Krasovskii 型	15	

【L】

Laguerre 近似	6	
LQ 制御	59	
Lyapunov の安定論	14	

【N】

neutral chain	10	

【P】

Padé 近似	3	
Pontryagin の判別法	12	

【R】

retarded chain	8	
Riccati 方程式	61, 62	

【S】

Smith predictor	33	

【W】

Windup	41	

―― 著者略歴 ――

阿部　直人（あべ　なおと）
- 1984年　早稲田大学理工学部電気工学科卒業
- 1986年　早稲田大学大学院博士前期課程修了
（電気工学専攻）
- 1989年　早稲田大学大学院博士後期課程修了
（電気工学専攻）
工学博士
- 1989年　明治大学助手
- 2002年　明治大学助教授
- 2009年　明治大学教授
現在に至る

児島　晃（こじま　あきら）
- 1987年　早稲田大学理工学部電気工学科卒業
- 1989年　早稲田大学大学院博士前期課程修了
（電気工学専攻）
- 1991年　早稲田大学大学院博士後期課程修了
（電気工学専攻）
工学博士
- 1991年　東京都立科学技術大学講師
- 1997年　東京都立科学技術大学助教授
- 2005年　首都大学東京教授
- 2020年　東京都立大学教授（校名変更）
現在に至る

むだ時間・分布定数系の制御
Control in Time-delay and Distributed Parameter Systems

©Naoto Abe, Akira Kojima 2007

2007年3月8日　初版第1刷発行
2020年10月25日　初版第2刷発行

検印省略

著　者	阿　部　直　人	
	児　島　　　晃	
発行者	株式会社　コロナ社	
	代表者　牛来真也	
印刷所	三美印刷株式会社	
製本所	有限会社　愛千製本所	

112–0011　東京都文京区千石4–46–10
発行所　株式会社　コロナ社
CORONA PUBLISHING CO., LTD.
Tokyo Japan

振替 00140-8-14844・電話(03)3941-3131(代)
ホームページ　https://www.coronasha.co.jp

ISBN 978-4-339-03316-8　C3353　Printed in Japan　　　（佐藤）

〈出版者著作権管理機構 委託出版物〉
本書の無断複製は著作権法上での例外を除き禁じられています。複製される場合は，そのつど事前に，出版者著作権管理機構（電話 03-5244-5088，FAX 03-5244-5089，e-mail: info@jcopy.or.jp）の許諾を得てください。

本書のコピー，スキャン，デジタル化等の無断複製・転載は著作権法上での例外を除き禁じられています。購入者以外の第三者による本書の電子データ化及び電子書籍化は，いかなる場合も認めていません。
落丁・乱丁はお取替えいたします。

計測・制御テクノロジーシリーズ

（各巻A5判，欠番は品切または未発行です）

■計測自動制御学会 編

	配本順	書名	著者	頁	本体
1.		計測技術の基礎（改訂版） ―新SI対応―	山﨑 弘郎 田中 充 共著		近刊
2.	(8回)	センシングのための情報と数理	出口 光一郎 本多 敏 共著	172	2400円
3.	(11回)	センサの基本と実用回路	中沢 信明 松井 利一 山田 功 共著	192	2800円
4.	(17回)	計測のための統計	寺本 顕武 椿 広計 共著	288	3900円
5.	(5回)	産業応用計測技術	黒森 健一 他著	216	2900円
6.	(16回)	量子力学的手法による システムと制御	伊丹・松井 乾・全 共著	256	3400円
7.	(13回)	フィードバック制御	荒木 光彦 細江 繁幸 共著	200	2800円
9.	(15回)	システム同定	和田・奥 田中・大松 共著	264	3600円
11.	(4回)	プロセス制御	高津 春雄 編著	232	3200円
13.	(6回)	ビークル	金井 喜美雄 他著	230	3200円
15.	(7回)	信号処理入門	小畑 秀文 浜田 望 田村 安孝 共著	250	3400円
16.	(12回)	知識基盤社会のための 人工知能入門	國藤 進 中田 豊久 羽山 徹彩 共著	238	3000円
17.	(2回)	システム工学	中森 義輝 著	238	3200円
19.	(3回)	システム制御のための数学	田村 捷利 武藤 康彦 笹川 徹史 共著	220	3000円
20.	(10回)	情報数学 ―組合せと整数および アルゴリズム解析の数学―	浅野 孝夫 著	252	3300円
21.	(14回)	生体システム工学の基礎	福岡 豊 内山 孝憲 野村 泰伸 共著	252	3200円

定価は本体価格＋税です。
定価は変更されることがありますのでご了承下さい。

図書目録進呈◆

機械系コアテキストシリーズ

（各巻A5判）

- ■編集委員長　金子 成彦
- ■編集委員　大森 浩充・鹿園 直毅・渋谷 陽二・新野 秀憲・村上 存（五十音順）

材料と構造分野

配本順			著者	頁	本体
A-1	(第1回)	材料力学	渋谷 陽二・中谷 彰宏 共著	348	3900円

運動と振動分野

B-1		機械力学	吉村 卓也・松村 雄一 共著		
B-2		振動波動学	金子 成彦・姫野 武洋 共著		

エネルギーと流れ分野

C-1	(第2回)	熱力学	片岡 勲・吉田 憲司 共著	180	2300円
C-2	(第4回)	流体力学	鈴木 康樹・関谷 直樹・彭 國義・松島 均・沖田 浩平 共著	222	2900円
C-3		エネルギー変換工学	鹿園 直毅 著		

情報と計測・制御分野

D-1		メカトロニクスのための計測システム	中澤 和夫 著		
D-2		ダイナミカルシステムのモデリングと制御	髙橋 正樹 著		

設計と生産・管理分野

E-1	(第3回)	機械加工学基礎	笹原 弘之・松村 隆 共著	168	2200円
E-2	(第5回)	機械設計工学	村上 存・柳澤 秀吉 共著	166	2200円

定価は本体価格+税です。
定価は変更されることがありますのでご了承下さい。

図書目録進呈◆

ロボティクスシリーズ

（各巻A5判，欠番は品切です）

- ■編集委員長　有本　卓
- ■幹　事　　　川村貞夫
- ■編集委員　　石井　明・手嶋教之・渡部　透

配本順			頁	本体
1.（5回）	ロボティクス概論	有本　　　卓編著	176	2300円
2.（13回）	電気電子回路 ―アナログ・ディジタル回路―	杉田　進彦 山中　克　 小西　聡 共著	192	2400円
3.（17回）	メカトロニクス計測の基礎（改訂版） ―新SI対応―	石井　明 木股雅章 金子　透 共著	160	2200円
4.（6回）	信号処理論	牧川方昭著	142	1900円
5.（11回）	応用センサ工学	川村貞夫編著	150	2000円
6.（4回）	知能科学 ―ロボットの"知"と"巧みさ"―	有本　　　卓著	200	2500円
7.	モデリングと制御	平井慎一 坪内孝司 秋下貞夫 共著		
8.（14回）	ロボット機構学	永井　清 土橋宏規 共著	140	1900円
9.	ロボット制御システム	玄相昊編著		
10.（15回）	ロボットと解析力学	有本　卓 田原健二 共著	204	2700円
11.（1回）	オートメーション工学	渡部　透著	184	2300円
12.（9回）	基礎福祉工学	手嶋教之 米本清 相良訓紀 糟谷佐朗 共著	176	2300円
13.（3回）	制御用アクチュエータの基礎	川野方所早松 村田川浦 貞誠恭論貞 夫誠弘裕 共著	144	1900円
15.（7回）	マシンビジョン	石井明 斉藤文彦 共著	160	2000円
16.（10回）	感覚生理工学	飯田健夫著	158	2400円
17.（8回）	運動のバイオメカニクス ―運動メカニズムのハードウェアとソフトウェア―	牧川方昭 吉田正樹 共著	206	2700円
18.（16回）	身体運動とロボティクス	川村貞夫編著	144	2200円

定価は本体価格+税です。
定価は変更されることがありますのでご了承下さい。

図書目録進呈◆

システム制御工学シリーズ

（各巻A5判，欠番は品切です）

■編集委員長　池田雅夫
■編集委員　　足立修一・梶原宏之・杉江俊治・藤田政之

配本順			頁	本体
2.（1回）	信号とダイナミカルシステム	足立　修一著	216	2800円
3.（3回）	フィードバック制御入門	杉江　俊治／藤田　政之　共著	236	3000円
4.（6回）	線形システム制御入門	梶原　宏之著	200	2500円
6.（17回）	システム制御工学演習	杉江　俊治／梶原　宏之　共著	272	3400円
7.（7回）	システム制御のための数学（1） ――線形代数編――	太田　快人著	266	3200円
8.	システム制御のための数学（2） ――関数解析編――	太田　快人著		近刊
9.（12回）	多変数システム制御	池田　雅夫／藤崎　泰正　共著	188	2400円
10.（22回）	適応制御	宮里　義彦著	248	3400円
11.（21回）	実践ロバスト制御	平田　光男著	228	3100円
12.（8回）	システム制御のための安定論	井村　順一著	250	3200円
13.（5回）	スペースクラフトの制御	木田　隆著	192	2400円
14.（9回）	プロセス制御システム	大嶋　正裕著	206	2600円
15.（10回）	状態推定の理論	内田　健康／山中　一雄　共著	176	2200円
16.（11回）	むだ時間・分布定数系の制御	阿部　直人／児島　晃　共著	204	2600円
17.（13回）	システム動力学と振動制御	野波　健蔵著	208	2800円
18.（14回）	非線形最適制御入門	大塚　敏之著	232	3000円
19.（15回）	線形システム解析	汐月　哲夫著	240	3000円
20.（16回）	ハイブリッドシステムの制御	井村　順一／東　俊一／増淵　泉　共著	238	3000円
21.（18回）	システム制御のための最適化理論	延瀬　昇／山部　英沢　共著	272	3400円
22.（19回）	マルチエージェントシステムの制御	東　俊一／永原　正章　編著	232	3000円
23.（20回）	行列不等式アプローチによる制御系設計	小原　敦美著	264	3500円

定価は本体価格+税です。
定価は変更されることがありますのでご了承下さい。

◆図書目録進呈◆